智能制造高技能人才培养规划丛书

FANUC工业机器人
虚拟仿真教程

工控帮教研组 / 编著

电子工业出版社

Publishing House of Electronics Industry

北京·BEIJING

内 容 简 介

本书以 FANUC 工业机器人为研究对象，在了解仿真软件 ROBOGUIGE 的基础上详细讲解操作方法。

本书共 9 章，包括了解 ROBOGUIDE 软件、创建工作单元与界面简介、管理程序、创建搬运工作单元、创建变位机、编写离线轨迹程序、创建吊装工业机器人工作站、创建带导轨的工业机器人工作站、通过工作站模型进行仿真等内容。学完本书，读者即可独立应对 FANUC 工业机器人的工作站设计。

本书既可作为 FANUC 工业机器人的管理人员、设计人员、调试人员、操作人员及爱好者的参考用书，也可作为相关专业的培训教材。

图书在版编目（CIP）数据

FANUC 工业机器人虚拟仿真教程 / 工控帮教研组编著. —北京：电子工业出版社，2021.3
（智能制造高技能人才培养规划丛书）

ISBN 978-7-121-40577-8

Ⅰ. ①F…　Ⅱ. ①工…　Ⅲ. ①工业机器人－系统仿真－教材　Ⅳ. ①TP242.2

中国版本图书馆 CIP 数据核字（2021）第 029996 号

责任编辑：张　楠
印　　刷：北京七彩京通数码快印有限公司
装　　订：北京七彩京通数码快印有限公司
出版发行：电子工业出版社
　　　　　北京市海淀区万寿路 173 信箱　邮编：100036
开　　本：787×1092　1/16　印张：15　　字数：384 千字
版　　次：2021 年 3 月第 1 版
印　　次：2023 年 4 月第 2 次印刷
定　　价：65.00 元

凡所购买电子工业出版社图书有缺损问题，请向购买书店调换。若书店售缺，请与本社发行部联系，联系及邮购电话：(010) 88254888，88258888。

质量投诉请发邮件至 zlts@phei.com.cn，盗版侵权举报请发邮件至 dbqq@phei.com.cn。

本书咨询联系方式：(010) 88254579。

本书编委会

主　编：余德泉

副主编：封佳诚　孙永仓

前 言
PREFACE

随着德国工业 4.0 的提出，中国制造业向智能制造方向转型已是大势所趋。工业机器人是智能制造业最具代表性的装备。根据 IFR（国际机器人联合会）发布的最新报告，2016 年，全球工业机器人销量继续保持高速增长。2017 年全球工业机器人销量约为 33 万台，同比增长 14%。其中，中国工业机器人销量 9 万台，同比增长 31%。IFR 预测，未来十年，全球工业机器人销量年平均增长率将保持在 12% 左右。

当前，用机器人替代人工生产已经成为未来制造业的必然，工业机器人作为"制造业皇冠顶端的明珠"，将大力推动工业自动化、数字化、智能化的早日实现，为智能制造奠定基础。然而，智能制造发展并不是一蹴而就的，而是从"自动信息化""互联化"到"智能化"层层递进、演变发展的。智能制造产业链涵盖智能装备（机器人、数控机床、服务机器人、其他自动化装备）、工业互联网（机器视觉、传感器、RFID、工业以太网）、工业软件（ERP/MES/DCS 等）、3D 打印及将上述环节有机结合起来的自动化系统集成和生产线集成等。

根据智能制造产业链的发展顺序，智能制造首先需要实现自动化，然后实现信息化，再实现互联网化，最后才能真正实现智能化。工业机器人是实现智能制造前期最重要的工作之一，是联系自动化和信息化的重要载体。围绕汽车、机械、电子、危险品制造、国防军工、化工、轻工等应用需求，工业机器人将成为智能制造中智能装备的普及代表。

由此可见，智能装备应用技术的普及和发展是我国智能制造推进的重要内容。工业机器人应用技术是一个复杂的系统工程。工业机器人不是买来就能使用的，还需要对其进行规划集成，把机器人本体与控制软件、应用软件、周边的电气设备等结合起来，组成一个完整的工作站方可进行工作。通过在数字工厂中得工业机器人的推广应用，不断提高工业机器人作业的智能水平，使其不仅能替代人的体力劳动，而且能替代一部分脑力劳动。因此，以工业机器人应用为主线构造智能制造与数字车间关键技术的运用和推广显得尤为重要。这些技术包括机器人与自动化生产线布局设计、机器人与自动化上下料技术、机器人与自动化精准定位技术、机器人与自动化装配技术、机器人与自动化作业规划及示教技术、机器人与自动化生产线协同工作技术及机器人与自动化车间集成技术，通过建造机器人自动化生产线，利用机器手臂、自动化控制设备或流水线自动化推动企业技术改造，向机器化、自动化、集成化、生态化、智能化方向发展，从而实现数字车间制造过程中物质流、信息流、能量流和资金流的智能化。

近年来，虽然多种因素推动着我国工业机器人在自动化工厂中的广泛使用，但是一个越来越大的问题清晰地摆在我们面前，那就是与工业机器人的使用和集成技术相关的人才严重匮乏，甚至已经阻碍了该行业的快速发展。哈尔滨工业大学机器人研究所所长、长江学者孙立宁教授指出：按照目前中国机器人安装数量的增长速度，对工业机器人人才的需求早已处于"干渴"状态。目前，国内仅有少数本科院校开设工业机器人的相关专业，学校普遍没有完善的工业机器人相关课程体系及实训工作站。因此，一些院校的师生无法得到科学培养，从而不能快速满足产业发展的需要。

工控帮教研组结合自身多年的工业机器人集成应用技术和教学经验，以及对机器人集成应用企业的深度了解，在细致分析机器人集成企业的职业岗位群和岗位能力矩阵的基础上，整合机器人相关企业的应用工程师和机器人职业教育方面的专家学者，编写了"智能制造高技能人才培养规划丛书"。按照智能制造产业链和发展顺序，"智能制造高技能人才培养规划丛书"分为专业基础教材、专业核心教材和专业拓展教材。

专业基础教材涉及的内容包括触摸屏编程技术、运动控制技术、电气控制与 PLC 技术、液压与气动技术、金属材料与机械基础、EPLAN 电气制图、电工与电子技术等。

专业核心教材涉及的内容包括工业机器人技术基础、工业机器人现场编程技术、工业机器人离线编程技术、工业组态与现场总线技术、工业机器人与 PLC 系统集成、基于 SolidWorks 的工业机器人夹具和方案设计、工业机器人维修与维护、工业机器人典型应用实训、西门子 S7-200 SMART PLC 编程技术等。

专业拓展教材涉及的内容包括焊接机器人与焊接工艺、机器视觉技术、传感器技术、智能制造与自动化生产线技术、生产自动化管理技术（MES 系统）等。

考虑到读者对实训设备的需求，本书提供与实训设备同比例的工作站模型，助大家勇攀学习高峰。工作站模型的资源文件可扫码下载：

本书内容力求源于企业、源于真实、源于实际，然而因编著者水平有限，错漏之处在所难免，欢迎读者关注微信公众号 GKYXT1508 进行交流，谢谢！

工控帮教研组

目 录

CONTENTS

第 1 章

了解 ROBOGUIDE 软件

学习目标

- 安装 ROBOGUIDE 软件
- 熟悉示教器
- 录制仿真视频

1.1 安装 ROBOGUIDE 软件

ROBOGUIDE 软件是由 FANUC 公司提供的一款支持工业机器人系统布局设计和动作模拟仿真的软件。利用该软件不仅可进行系统方案的布局设计、工业机器人可达性的分析、系统节拍的估算、工业机器人的故障诊断和程序优化，还能自动生成工业机器人的离线轨迹程序。由于其仿真界面为大众熟悉的 Windows 界面，因此入门起点低、易于使用。ROBOGUIDE 的功能强大，可高效地进行工业机器人设计，减少系统的搭建时间。

本教程使用的 ROBOGUIDE 软件版本为 V9 系列，不同版本的操作界面略有不同。下面将开始介绍 ROBOGUIDE 软件的安装步骤。

> **注意：** 在安装 ROBOGUIDE 软件之前请关闭杀毒软件、防火墙等安全软件。

❶ 右键单击 ROBOGUIDE 软件的安装包，在弹出的快捷菜单中选择"解压到当前文件夹"，即可解压安装包，如图 1-1 所示。

❷ 打开解压后的文件夹，右键单击 ROBOGUIDE V9 系列软件的 setup.exe 文件，在弹出的快捷菜单中选择"以管理员身份运行"，如图 1-2 所示。

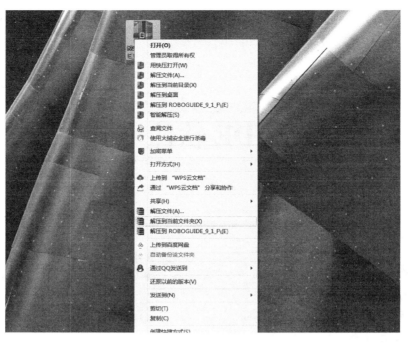

图 1-1

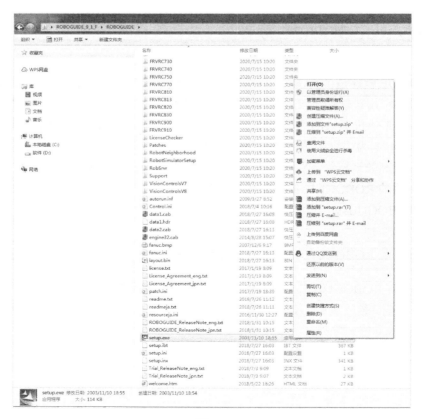

图 1-2

❸　此时将弹出如图 1-3 所示的对话框，即在安装 ROBOGUIDE 软件之前，需要先安装图 1-3 中列出的组件，单击 Install 按钮开始自动安装。若在单击 Install 按钮后无法安装组件，则可打开图 1-2 中的 Support 文件夹，在其中选择图 1-3 中列出的组件进行手动安装，如图 1-4 所示。

注意：不同 ROBOGUIDE 软件版本的 Support 文件夹的内容可能会不同。如果在 Support 文件夹中找不到所需组件，请在互联网中搜索缺失的组件。

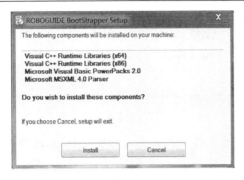

图 1-3

图 1-4

❹　在组件安装完成后，可继续进行 ROBOGUIDE 软件的安装，如图 1-5 所示。单击 Next 按钮。

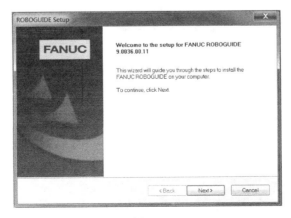

图 1-5

❺ 此时将弹出如图 1-6 所示的协议许可对话框。阅读相关协议，单击 Yes 按钮，即同意许可协议中的所有条款。

图 1-6

❻ 此时将弹出如图 1-7 所示的设置目标路径对话框。在选择目标路径后，单击 Next 按钮。

图 1-7

❼ 此时将弹出如图 1-8 所示的选择插件对话框。选择需要的插件后（一般情况下，可全选），单击 Next 按钮。

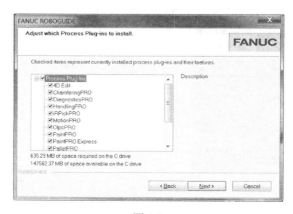

图 1-8

❽ 此时将弹出如图 1-9 所示的选择应用程序插件对话框。选择所需的应用程序插件（一般情况下可全选），单击 Next 按钮。

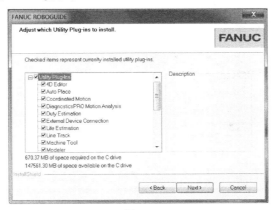

图 1-9

❾ 此时将弹出如图 1-10 所示的选择其他应用程序对话框，如创建桌面快捷方式等。选择所需的其他应用程序后，单击 Next 按钮。

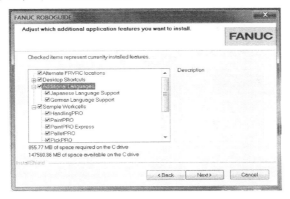

图 1-10

❿ 此时将弹出如图 1-11 所示的选择工业机器人版本对话框。选择所需的工业机器人版本后（一般情况下可全选），单击 Next 按钮。

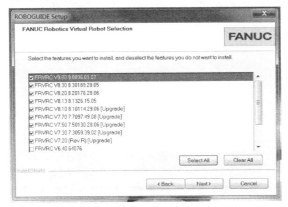

图 1-11

⓫ 此时将弹出如图 1-12 所示的开始复制文件确认对话框，用于列出前面的每一项操作结果，确认无误后，单击 Next 按钮。

图 1-12

⓬ 此时将弹出如图 1-13 所示的准备安装对话框。

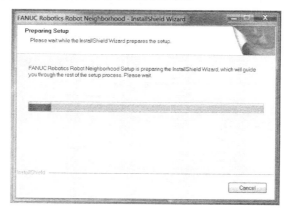

图 1-13

⓭ 在系统安装完成后，将弹出如图 1-14 所示的选择安装路径对话框。选择安装路径后，单击 Next 按钮。

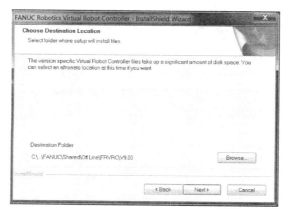

图 1-14

⓮ 此时将弹出如图 1-15 所示的选择内存配置对话框。一般不进行选择，保持默认设置，单击 Next 按钮。

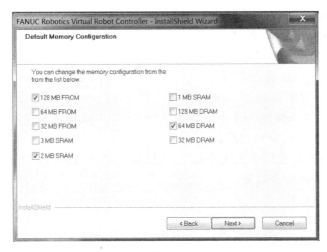

图 1-15

⓯ 在弹出的安装完成对话框中，单击 Finish 按钮结束安装操作。此时将弹出要求重启系统的对话框，单击 Yes 按钮。在系统重启后即可使用 ROBOGUIDE 软件。

1.2　熟悉示教器

FANUC 仿真软件中的示教器功能和普通的示教器功能相同，只是多了一个工具栏，如图 1-16 所示。

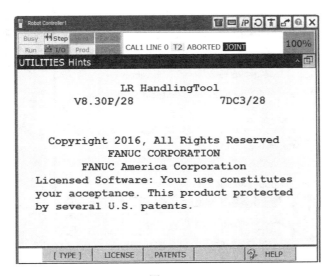

图 1-16

对图 1-16 中工具栏的图标说明如下。

- ▣: 显示示教器的键盘，与快捷菜单中的 Show keypad 命令对应。
- ▣: 通过电脑键盘来控制示教器键盘，与快捷菜单中的 Use PC keyboard shortcuts for TP keypad keys 命令对应。
- ⓟ: 将示教器模式切换至新版彩色触摸屏或老版黑白屏，与快捷菜单中的 Toggle iPendant/Legacy Mode 命令对应。
- ↻: 冷启动（重新启动），与快捷菜单中的 Cold Start 命令对应。
- ☷: 工业机器人快速运行至示教器选中的点位，与快捷菜单中的 QuickMove group to selected TP position 命令对应。
- ☝: 允许示教器键盘位于主界面之外，与快捷菜单中的 Allow this window to be outside the main window 命令对应。
- ⓠ: 显示帮助文档。
- ☒: 隐藏示教器。

右键单击示教器的键盘位置，弹出的快捷菜单如图 1-17 所示：前 6 个命令与图 1-16 中前 6 个按钮对应；Show Key Map 用于设置是否在示教器键盘显示快捷键；TP KeyPad 用于打开默认的示教器键盘；Current Position 用于打开如图 1-18 所示的示教器键盘；Virtual Robot Settings 用于打开如图 1-19 所示的示教器键盘。

在图 1-18 中，选中 Tool、Joint、XYZ、USER 单选按钮，可切换偏移时使用的坐标系。在 X 文本框、Y 文本框、Z 文本框中输入数值，单击 MoveTo 按钮，工业机器人可直接移动至输入的点位。

在图 1-19 中，可修改 UD1 和 MC 的文件夹路径。

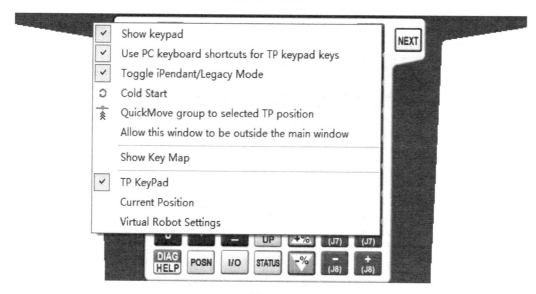

图 1-17

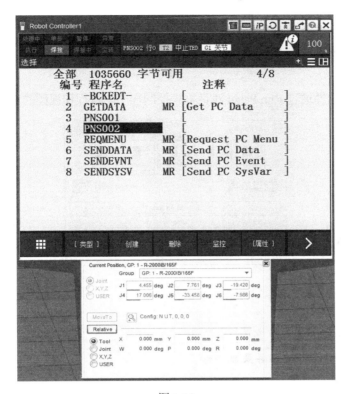

图 1-18

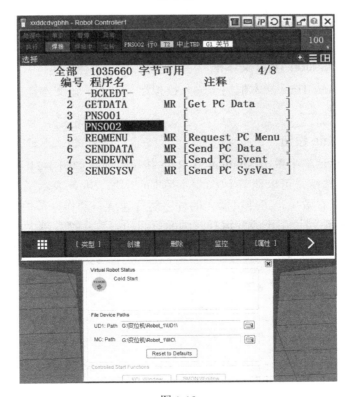

图 1-19

1.3 录制仿真视频

ROBOGUIDE 软件通过 Run Panel 对话框来控制程序的运行和视频的录制，如图 1-20 所示。

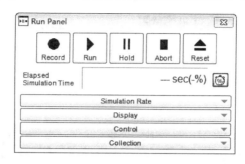

图 1-20

1. 5 个按钮

在图 1-20 的最上方有 5 个按钮：

- Record：用于运行程序并录制视频。
- Run：用于运行程序。
- Hold：用于暂停程序的运行。
- Abort：用于终止程序的运行。
- Reset：用于消除工业机器人的报警。

2. Elapsed Simulation Time 文本框

Elapsed Simulation Time 文本框用于输入模拟运行时间。该文本框右侧的 ⚙ 按钮用于显示或隐藏百分比数值。

3. Simulation Rate 按钮

在 Run Panel 对话框中单击 Simulation Rate 按钮，显示如图 1-21 所示的选项组。勾选 Synchronize Time 复选框，可以调节下方的同步时间滑块：Slow 表示慢，Fast 表示快。这里的快慢变化仅反映观看效果，工业机器人的程序运行速度、动作、节拍等均不会发生改变。Run-Time Refresh Rate 滑块用于改变运行时画面更新的帧数，帧数越大，动作越流畅。

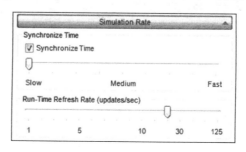

图 1-21

4. Display 按钮

在 Run Panel 对话框中单击 Display 按钮，显示如图 1-22 所示的选项组，包括 6 个复选框：

- Refresh Display 复选框：实时更新程序运行画面。
- Hide Windows 复选框：在程序运行时自动隐藏 ROBOGUIDE 软件界面内的窗口。
- Collision Detect 复选框：进行碰撞检测。
- Set View During Run 复选框：在程序运行时允许切换视角。
- Taught Path Visible 复选框：示教路径可见。
- Show Joint Circles 复选框：显示工业机器人的关节范围。

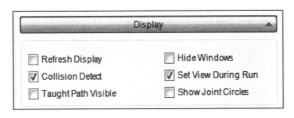

图 1-22

5. Control 按钮

在 Run Panel 对话框中单击 Control 按钮，显示如图 1-23 所示的选项组，包括 3 个复选框：

- Abort on Fault 复选框：若在程序运行时报错，则终止程序运行。
- Run Program In Loop 复选框：循环正在运行的程序。
- Post Collision and Cable Break to Controller 复选框：将干涉及电缆断裂信息发送给控制柜。

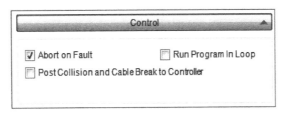

图 1-23

6. Collection 按钮

在 Run Panel 对话框中单击 Collection 按钮，显示如图 1-24 所示的选项组。对选项组中主要复选框的说明如下。

- Collect Profile Data 复选框：用于收集程序运行时的数据。注意：只有勾选此复选框，才能实现对工件的抓与放。
- Collect TCP Trace 复选框：用于收集程序运行时工业机器人的 TCP 轨迹信息。
- Collect Reducer Info 复选框：用于收集程序运行时工业机器人的减速机信息。

- Collect Power Info 复选框：用于收集程序运行时工业机器人的能耗信息。
- Collect Duty Info 复选框：用于收集程序运行时工业机器人的工作信息。

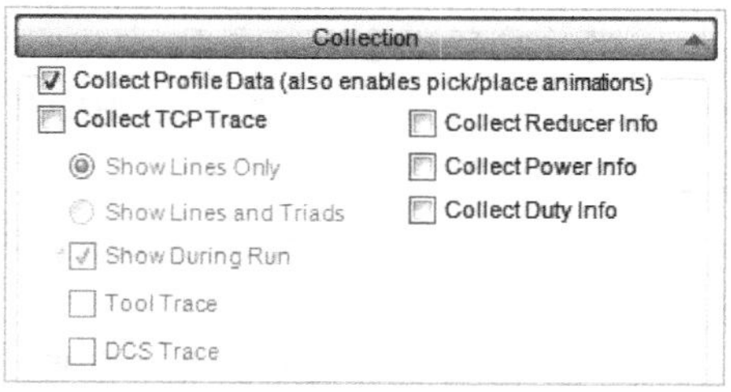

图 1-24

第 2 章

创建工作单元与界面简介

学习目标

- 创建工作单元
- 了解仿真界面
- 熟悉工具坐标系
- 熟悉用户坐标系

2.1　创建工作单元

创建一个工作单元的操作步骤如下。

❶ 打开 ROBOGUIDE 软件界面，选择"File→New"，弹出如图 2-1 所示的对话框。单击 New Cell 按钮。

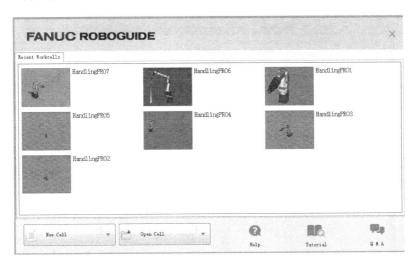

图 2-1

❷ 此时将弹出如图 2-2 所示的对话框，用于选择创建工作站的方式。若选择不同的创建方式，则不仅实现的功能不同，而且加载的应用工具包也会不同，对不同创建方式的说明

如下。选中 HandlingPRO 选项，单击 Next 按钮。

- ChamferingPRO：用于去毛刺等工件的仿真。
- HandlingPRO：用于机床上下料、冲压、装配、注塑机等物料搬运的仿真。
- PalletPRO：用于码垛的仿真。
- WeldPRO：用于焊接等工艺的仿真。

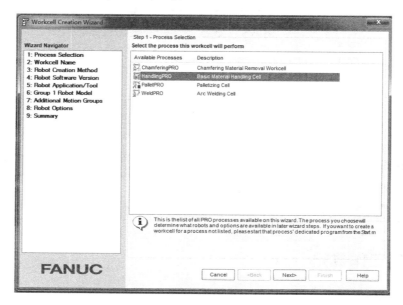

图 2-2

❸ 此时将弹出如图 2-3 所示的对话框，在 Name 文本框中输入文件名：HandlingPRO8，单击 Next 按钮。

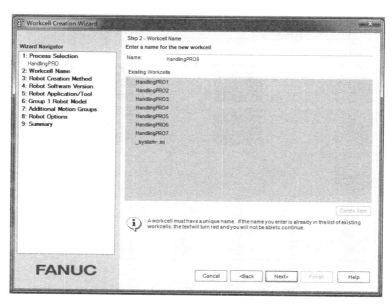

图 2-3

❹ 此时将弹出如图 2-4 所示的对话框，用于选择创建工业机器人的方式。在这里选中
Create a new robot with the default HandlingPRO config 单选按钮，单击 Next 按钮。

- Create a new robot with the default HandlingPRO config：根据默认配置创建工业机器人。
- Create a new robot with the last used HandlingPRO config：根据上次使用的配置创建工业机器人。
- Create a robot from a file backup：根据工业机器人的备份文件创建工业机器人。
- Create an exact copy of an existing robot：根据已有的工业机器人备份文件创建工业机器人。

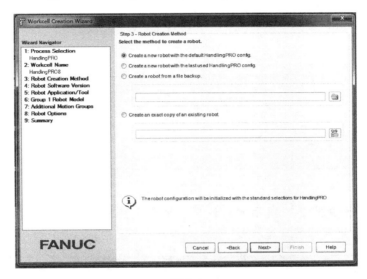

图 2-4

❺ 此时将弹出如图 2-5 所示的对话框，用于选择工业机器人的软件版本。在这里选择最新版本，如 V9.10，单击 Next 按钮。

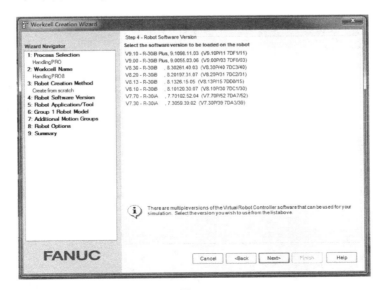

图 2-5

❻ 此时将弹出如图 2-6 所示的对话框，用于选择应用类型。在这里选中 Handling Tool（H552）选项，选中 Set Eoat later，单击 Next 按钮。

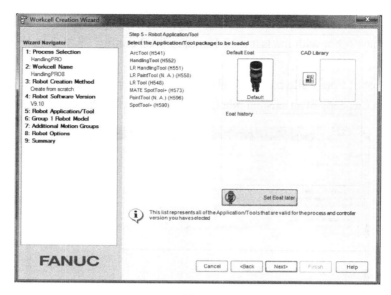

图 2-6

❼ 此时将弹出如图 2-7 所示的对话框，用于选择工业机器人的型号。在这里选择 R-2000iC/165F（可以在创建后更改），单击 Next 按钮。

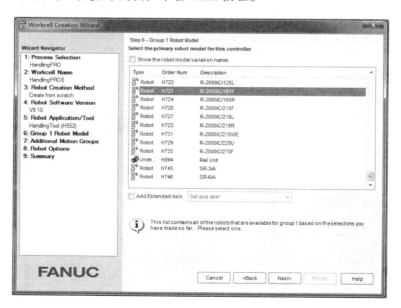

图 2-7

❽ 此时将弹出如图 2-8 所示的对话框，用于在需要添加外部轴时选择其内部选项。在这里不做选择，直接单击 Next 按钮。

❾ 此时将弹出如图 2-9 所示的对话框，选择用于仿真的功能软件，如 4D 视觉应用、附

加轴等。在 Languages 选项卡中可以进行语言设置，单击 Next 按钮。

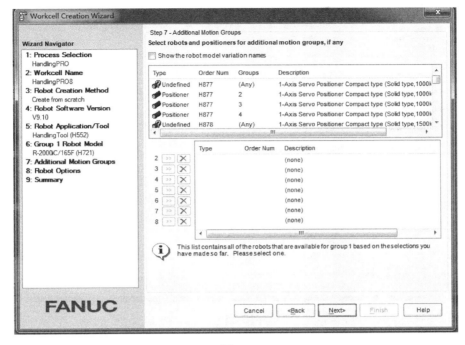

图 2-8

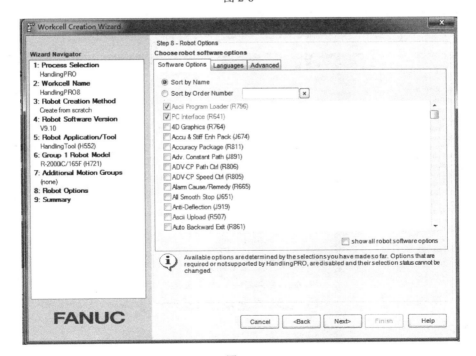

图 2-9

❿ 此时将弹出如图 2-10 所示的对话框，用于选择相应的语言功能包。在这里选中 Chinese Dictionary 单选按钮，用于在 FANUC 示教器仿真时进行中英文切换，单击 Next 按钮。

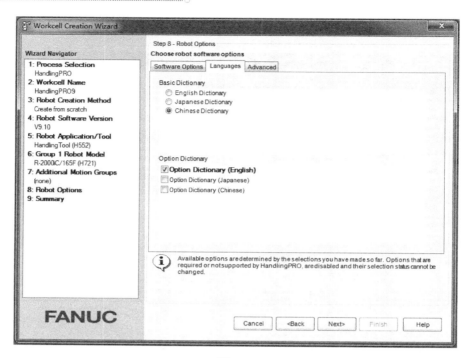

图 2-10

⓫ 此时将弹出如图 2-11 所示的对话框，用于列出之前所有选择的内容，如果确认无误，则单击 Finish 按钮；如果需要修改，则单击 Back 按钮退回之前的步骤进行内容更改。在这里单击 Finish 按钮，即可进入仿真界面。

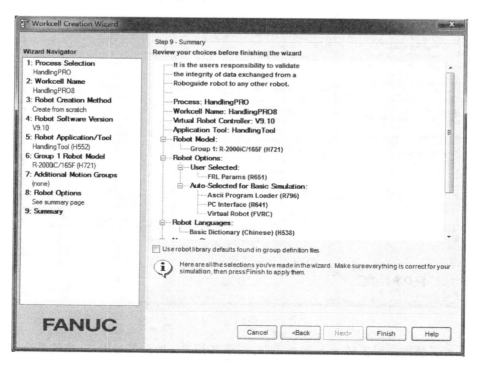

图 2-11

⑫ 此时将弹出如图 2-12 所示的对话框，系统正处于初始化过程中，耐心等待即可。

⑬ 在弹出如图 2-13 所示的对话框时，输入 1，即选择 Standard Flange（标准法兰），单击 NEXT 按钮。

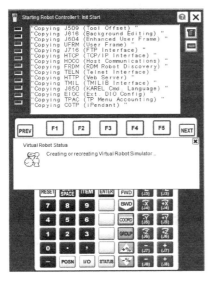

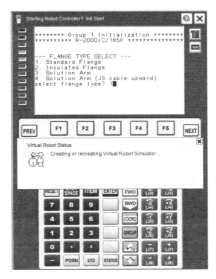

图 2-12　　　　　　　　　　　　　　　　图 2-13

⑭ 此时将弹出如图 2-14 所示的创建完成界面。

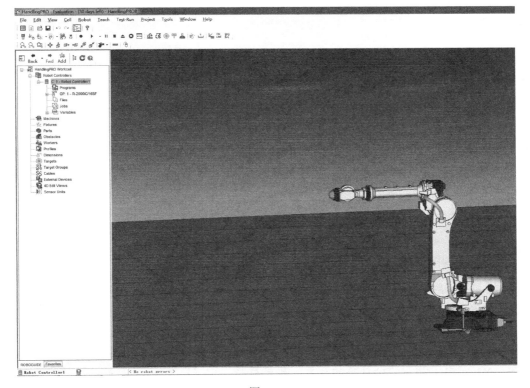

图 2-14

⓯ 图 2-14 所示界面的中心为创建 Workcell 时选择的工业机器人。工业机器人模型的原点（单击工业机器人后出现的绿色坐标系）为此工作环境的原点。工业机器人下方的底板范围默认为 20m×20m，每个小方格实际表示 1m×1m。可以修改这些参数：选择"Cell→Workcell Properties"，弹出如图 2-15 所示的对话框；打开 Chui World 选项卡，即可按照需求设置底板的范围、颜色，以及小方格的尺寸和格子线的颜色。

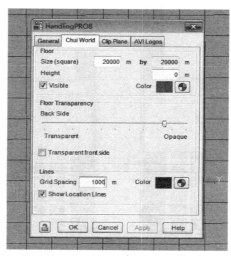

图 2-15

2.2　了解仿真界面

2.2.1　工具条

ROBOGUIDE 软件界面中的工具条分别如图 2-16 和图 2-17 所示。

图 2-16

图 2-17

对图 2-16 和图 2-17 中的主要按钮说明如下。

- 用于实现工作环境的放大、缩小。
- 用于实现工作环境的局部放大。
- 用于让所选对象的中心位于屏幕正中央。 
- 分别用于查看俯视图、右视图、左视图、前视图、后视图。
- 用于测量两个目标的距离。单击后将弹出 Measurement 对话框，可分别通过单击 From 和 To 按钮选择两个目标，即可在下面的 Distance 选项组中显示两个目标的直线距离、三个轴的投影距离、三个方向的相对角度。在 From 和 To 按钮下分别有一个下拉列表，如图 2-18 所示：若添加的目标为设备，则在 From 按钮下的下拉列表中选择 Entity（实体）或 Origin（原点）；若添加的目标为工业机器人，则在 To 按钮下的下拉列表中选择 Entity（实体）、Origin（原点）、RobotZero（工业机器人零点）、RobotTCP（TCP）、FacePlate（法兰盘）。

图 2-18

- ：单击后将出现如图 2-19 所示的对话框。在该对话框中列出了所有通过鼠标操作的快捷菜单，可根据需要进行选择。

图 2-19

- ：用于进行 FANUC 示教器的示教操作。
- ：用于显示工业机器人的工作范围。
- ：用于显示/隐藏工业机器人的关节调节工具。单击后将出现如图 2-20 所示的界面，即在工业机器人的 6 个轴处都出现一个绿色箭头，可以通过拖动绿色箭头来调节对应轴的转动。当绿色箭头变为红色时，表示该位置超出工业机器人的运动范围。
- ：用于控制工业机器人手爪的打开和闭合。

- ● 🕷️：用于运行工业机器人的当前程序并录像。
- ● ▶：用于运行工业机器人的当前程序。
- ● ‖：用于暂停工业机器人的运行。
- ● ■：用于停止工业机器人的运行。
- ● ⏏：用于消除运行时出现的报警。
- ● ▦▦：用于显示/隐藏运行的控制面板，单击后将弹出如图 2-21 所示的对话框。在该对话框中有 5 个按钮 ● ▶ ‖ ■ ⏏，用于对运行程序或录制视频的一些属性进行设置。
- ● 🔧：用于在世界坐标系、用户坐标系、工具坐标系间切换。

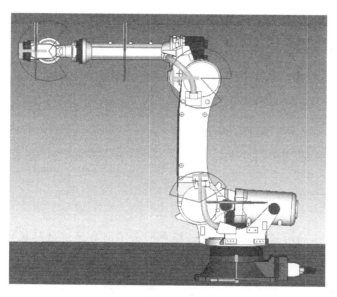

图 2-20

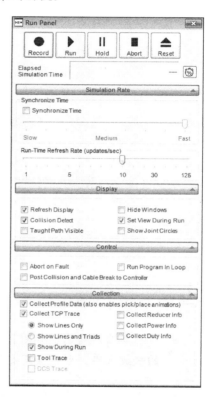

图 2-21

2.2.2 基本操作

1. 设置保存路径

ROBOGUIDE 软件具有自动保存功能，所以在进入仿真环境后，可先指定自动保存路径，既方便管理，也不用担心数据丢失。设置保存路径的操作步骤如下。

❶ 打开 ROBOGUIDE 软件界面，选择"Tools→Options"，弹出如图 2-22 所示的对话框。

❷ 打开 General 选项卡，在 Default Workcell Path 中设置保存路径。

❸ 在 Default Image Library Path 中设置 ROBOGUIDE 软件自带的文件库。

> **注意**：由此可以看出，不要随意更改文件库位置。

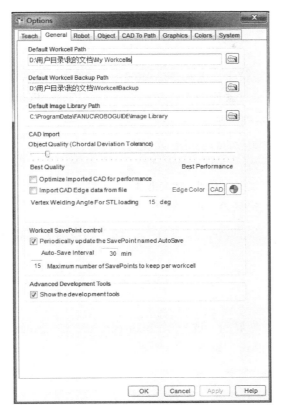

图 2-22

2. 操作模型窗口

可以对模型窗口进行移动、旋转、放大、缩小等操作。

- 移动操作：按住鼠标左键并进行拖动。
- 旋转操作：按住鼠标右键并进行拖动。
- 放大操作：同时按住鼠标的左、右键并向前移动，或者直接向前滚动滚轮。
- 缩小操作：同时按住鼠标的左、右键并向后移动，或者直接向后滚动滚轮。

3. 改变模型位置

改变模型位置的方法有两种：

- 直接修改模型的坐标和参数。
- 直接利用鼠标拖曳模型。

通过拖曳模型改变模型位置的操作步骤如下。

❶ 选中模型，并且显示绿色坐标轴。

❷ 将鼠标箭头放置在某个绿色坐标轴上，按住"Ctrl 键+鼠标左键"并拖动模型，模型将沿此轴方向移动。

❸ 将鼠标箭头放置在某个绿色坐标轴上，按住"Shift 键+鼠标左键"并拖动模型，模型

将沿此轴方向旋转。

4. 移动 TCP

默认的工具坐标系原点位于工业机器人 J6 轴的法兰上。根据需要，可把工具坐标系的原点移到目标位置上，该位置就称为工具中心点（Tool Center Point），即 TCP。

可以通过鼠标操作将工业机器人的 TCP 快速移动到面、边、顶点、圆中心等。

- 移动到面：快捷键为"Ctrl+Shift+左键"。
- 移动到边：快捷键为"Ctrl+Alt+左键"。
- 移动到顶点：快捷键为"Ctrl+Alt+Shift+左键"。
- 移动到圆中心：快捷键为"Alt+Shift+左键"。

另外，也可以直接拖动工业机器人的 TCP，将工业机器人移动到目标位置。

2.2.3 基本功能

1. 启动工业机器人

打开 ROBOGUIDE 软件界面，选择"Robot→Restart Controller"，在弹出的级联菜单中可选择工业机器人的启动模式，如图 2-23 所示。

- Cold Start：冷启动。
- Controlled Start：控制启动。
- Init Start：初始化工业机器人，并且清除所有程序。

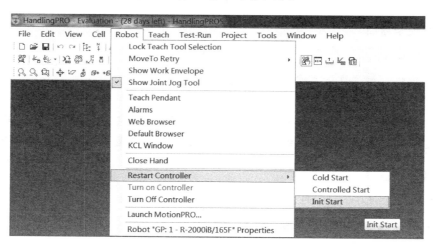

图 2-23

2. 导入和导出 TP 程序

FANUC 示教器简称 TP。ROBOGUIDE 软件中的 TP 程序与现场工业机器人的 TP 程序可以互相导入和导出，即利用 ROBOGUIDE 软件进行离线编程，并将 TP 程序导出到工业机器人中，或者将现场工业机器人的 TP 程序导入到 ROBOGUIDE 软件中。

- 导出 TP 程序：打开 ROBOGUIDE 软件界面，选择"Teach→Save All TP Programs"，如图 2-24 所示。在弹出的级联菜单中可直接保存 TP 程序到某个文件夹中，也可以将 TP 程序保存为 Text 文件，以便在电脑中查看。
- 导入 TP 程序：打开 ROBOGUIDE 软件界面，选择"Teach→Load Program"即可。

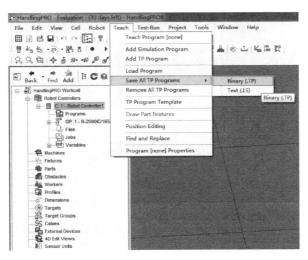

图 2-24

当然，也可将导出的程序保存在工业机器人文件夹下的 MC 文件夹中。若要将其他 TP 程序导入工业机器人中，则要先将其他 TP 程序复制到 MC 文件夹，再执行导入操作。

3. 显示多个窗口

打开 ROBOGUIDE 软件界面，选择"Window→3D Panes"，在弹出的级联菜单中可选择单屏显示、双屏显示、四屏显示等，并且可对每个屏幕进行单独视角调整，从而达到同时从不同角度观察模型的效果，如图 2-25 所示。

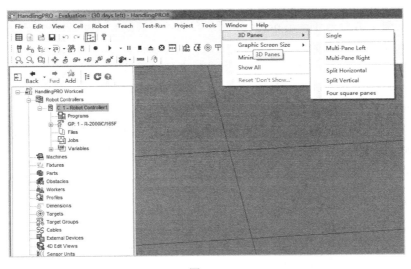

图 2-25

4. 导出图片和模型

打开 ROBOGUIDE 软件界面，选择"File→Export"，即可导出图片和模型，如图 2-26 所示。导出图片和模型的默认存储位置均为该工作环境下的 Export 文件夹。

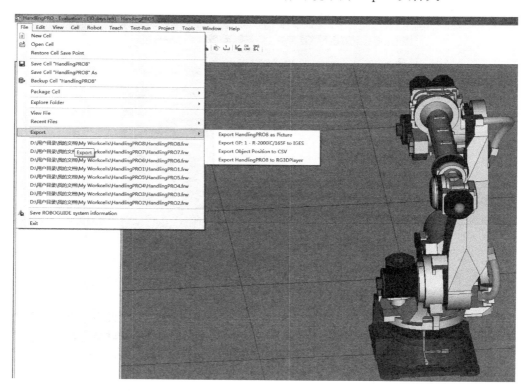

图 2-26

对常用级联菜单的说明如下。

图 2-27

- Export HandlingPRO8 as Picture：用于将当前选择的三维模型（名称为 HandlingPRO8，若名称不同，则级联菜单会做相应的变化）输出为图片，在弹出如图 2-27 所示的对话框中，可更改图片的名字、保存位置和尺寸。若当前为多屏显示状态，则单击 View Selector 后的 ◀ 和 ▶ 按钮可观察各个视角的图像；单击 Save All 按钮可保存所有视角的图片。
- Export GP:1-R-2000iC/165F to IGES：用于将当前选择的三维模型导出为 IGES 格式的模型。

5. 打开常用文件夹

打开 ROBOGUIDE 软件界面，选择"Tools→'Handling-PRO8' Folder"，即可打开当前工作单元的文件夹，如图 2-28 所示。在这里当前工作单元的名称为 HandlingPRO8。其中，比较常用的文件夹有：

- AVIS 文件夹是用来存放视频的文件夹。
- Exports 文件夹是用来输出模型和图片的文件夹。
- Robot_1 文件夹是用来存储工业机器人设备的文件夹。

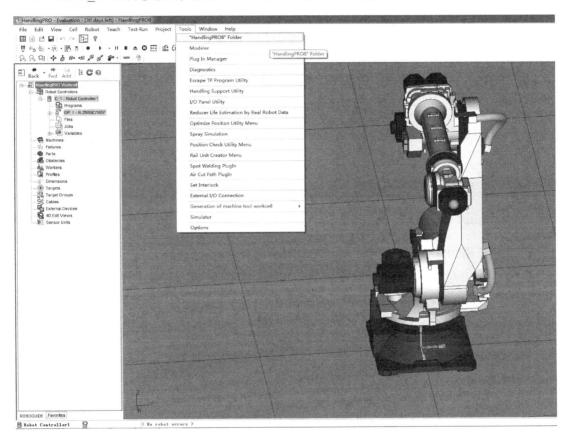

图 2-28

6. 提高 ROBOGUIDE 的运行速度

提高 ROBOGUIDE 运行速度的主要方法如下。

- 在程序运行时尽量关闭 Collision Detection，即关闭碰撞检测功能，从而节约 CPU 的资源和内存。
- 在导入 ".igs" 格式的大型模型文件时，尽量在三维软件中控制文件大小，略去一些对仿真没有影响的工件。
- 在仿真过程中，尽量关闭不需要的窗口，以提高 CPU 性能。
- 关闭 Collect TCP Trace，以减少 CPU 的占有率。
- 打开 ROBOGUIDE 软件界面，选择 "Tools→Options→General"，打开 General 对话框，将 Object Quality 的滑块向右移，虽然目标会变得更为粗糙，但会带来性能上的提升。

2.3 熟悉工具坐标系

工具坐标系是表示工具中心点（TCP）和工具姿势的直角坐标系。工具坐标系通常以TCP 为原点，将工具方向取为 Z 轴。在未定义工具坐标系时，可由机械接口坐标系（默认TCP）代替该坐标系。存储在工具坐标系下的数据由工具中心点（TCP）的位置和工具的姿势构成。

● 工具中心点（TCP）的位置，通过相对机械接口坐标系的工具中心点的坐标值 X、Y、Z 定义。

● 工具的姿势，通过机械接口坐标系的 X 轴、Y 轴、Z 轴周围的回转角 W、P、R 定义。

设置工具坐标系的方法有三种：三点法、六点法和直接输入法。下面通过添加焊枪的实例来说明工具坐标系的设置方法。

2.3.1 设置工具坐标系

1. 实例：添加焊枪

添加焊枪的操作步骤如下。

❶ 打开 ROBOGUIDE 软件界面，右键单击"UT:1（Eoat1）"选项，在弹出的快捷菜单中选择"Add Link→CAD Library"，如图 2-29 所示。

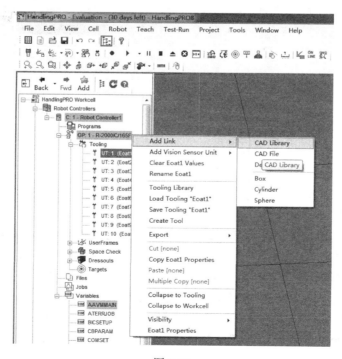

图 2-29

❷ 此时将弹出 Image Librarian 对话框,如图 2-30 所示。在单击"EOATS→weld_torches→ BINZEL_ABIROB_350GC_30S_GasNozzle_Taper_phi13"选项后, 单击 OK 按钮, 如图 2-31 所示。

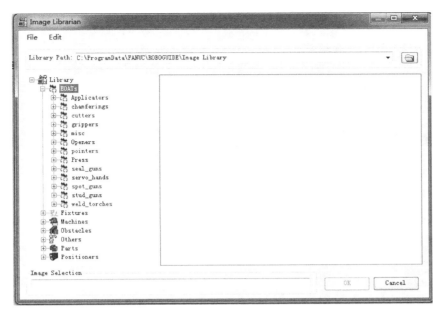

图 2-30

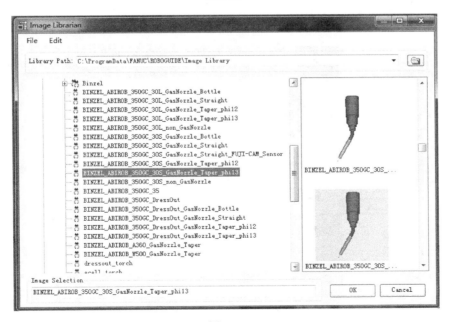

图 2-31

❸ 此时,焊枪即可创建完成,可通过手动方式修改工具坐标系:打开如图 2-32 所示的 对话框,勾选 Edit UTOOL 复选框;移动工具坐标系,完成之后单击 Use Current Triad Location (使用当前的位置)按钮;单击 Apply (应用)按钮和 OK 按钮。

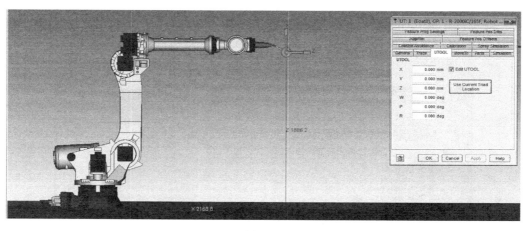

图 2-32

2. 三点法

通过三点法设置工具坐标系的步骤如下。

❶ 创建工件模型 Obstacles：Obstacles 的添加操作与 Fixture 基本相同，即右键单击 Obstacles 选项，在弹出的快捷菜单中选择"Add Obstacle→CAD Library"，如图 2-33 所示。Obstacles 与 Fixture 的区别是 Obstacles 不能让 Parts 附加在上面，其主要应用是添加一些不参与模拟，只用于演示现场位置的外围设备，如围栏、控制柜等。

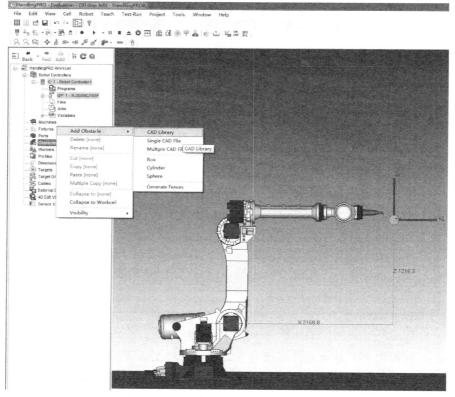

图 2-33

❷ 此时将弹出 Image Librarian 对话框，如图 2-34 所示。在左侧列表框中单击 "Obstacles→Arc→TorchRecovery"，单击 OK 按钮。

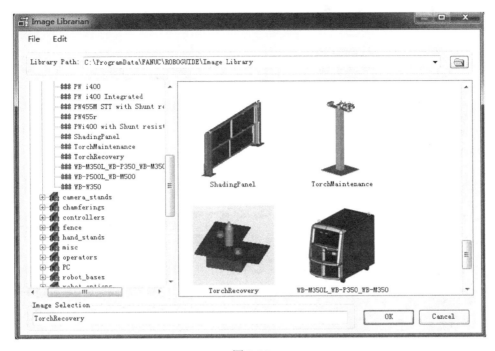

图 2-34

❸ 此时将弹出 TorchRecovery 对话框，如图 2-35 所示。在 Scale 选项组中的 Scale X 文本框、Scale Y 文本框、Scale Z 文本框中输入长、宽、高的值，单击 OK 按钮。

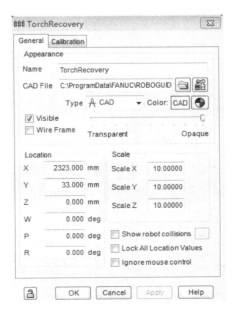

图 2-35

❹ 打开 FANUC 示教器的操作面板，确认 FANUC 示教器的开关处于 ON 的位置。将坐标系调整到 JOINT（关节坐标系），进行 JOINT 关节坐标系下的点动：同时单击 FANUC 示教器操作面板中的 SHIFT 键和 键，将 J5 轴向下移动 45°角，防止在示教时 J5 轴与 J6 轴垂直，如图 2-36 所示。

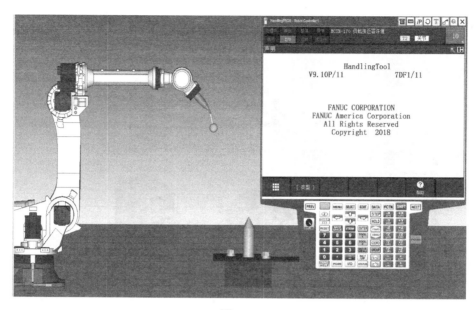

图 2-36

❺ 在 FANUC 示教器的操作面板中，单击 MENU 键，在弹出的 MENU 菜单中选择"设置→选择程序"，按 Enter 键进行确认，如图 2-37 所示。

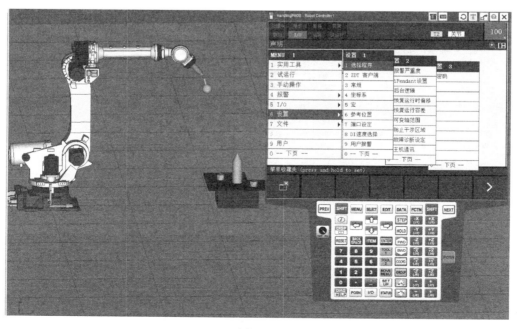

图 2-37

❻ 此时将弹出如图 2-38 所示的界面。单击"类型"按钮，在弹出的列表中选择"坐标系"，按 Enter 键进行确认。

❼ 此时将弹出如图 2-39 所示的界面。单击"坐标"按钮，在弹出的列表中选择"工具坐标系"，按 Enter 键进入工具坐标系的设置界面。

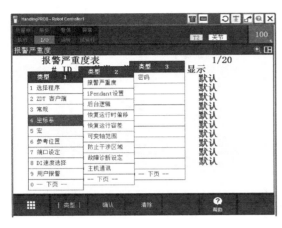

图 2-38

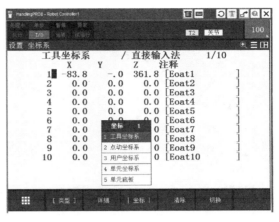

图 2-39

❽ 单击"详细"按钮（快捷键为 F2 键），进入工具坐标系的详细设置界面。

❾ 此时将弹出如图 2-40 所示的界面。单击"方法"按钮，在弹出的列表中选择"三点法"，按 Enter 键进行确认。

❿ 此时将弹出如图 2-41 所示的界面，可为工具输入注释（输入的内容一般为该工具的功能）。

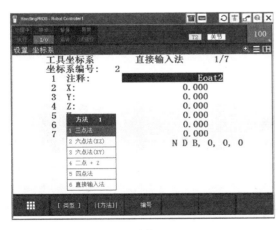

图 2-40

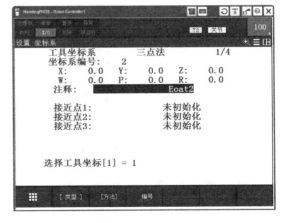

图 2-41

⓫ 令"接近点 1"～"接近点 3"以不同的姿势指向同一点。当接近点还没有被定义时，显示为"未初始化"；若被定义过，则显示为"已记录"。将光标移动到"接近点 1"，把坐标系切换为世界坐标系（WORLD）。移动工业机器人，使工具尖端接触到基准点，如图 2-42（a）所示。按 SHIFT 键和"记录"按钮，将此位置坐标记录到"接近点 1"中，如图 2-42（b）所示。

注意：可通过按下 COORD 键切换坐标系。坐标的切换顺序为 JOINT（关节坐标系）→ JGFRM（手动坐标系）→ WORLD（世界坐标系）→TOOL（工具坐标系）→USER（用户坐标系），接着又从 JOINT（关节坐标系）开始切换。

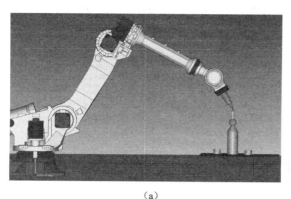

(a)

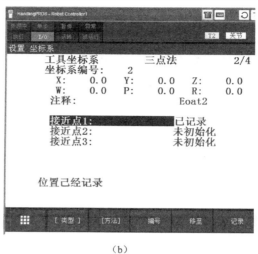

(b)

图 2-42

⓬ 移动光标到"接近点 2"，将坐标系切换为关节坐标系（JOINT），将 J6 轴（法兰面）至少旋转 90°，不要超过 360°。将坐标系切换为世界坐标系（WORLD），并移动工业机器人，使工具尖端接触到基准点，如图 2-43（a）所示。按 SHIFT 键和"记录"按钮，将此坐标位置记录到"接近点 2"中，如图 2-43（b）所示。

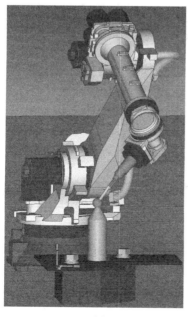

(a)

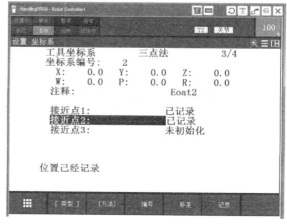

(b)

图 2-43

⓭ 移动光标到"接近点 3",将坐标系切换为关节坐标系（JOINT），并旋转 J4 轴和 J5
轴（不要超过 90°）。将坐标系切换为世界坐标系（WORLD），并移动工业机器人，使工具
尖端接触到基准点，如图 2-44（a）所示。按 SHIFT 和"记录"按钮，将此位置记录到"接
近点 3"中，如图 2-44（b）所示。

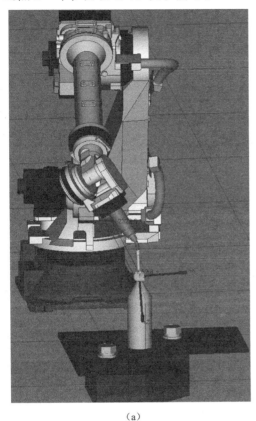

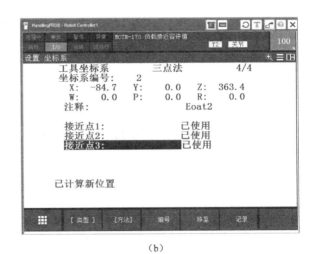

（a） （b）

图 2-44

⓮ 当三个接近点都被定义后，新的工具坐标系将被系统自动计算并生成，如图 2-45 所示。

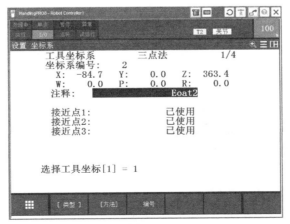

图 2-45

注意：在图 2-45 中，X、Y、Z 的值表示当前的 TCP 相对于 J6 轴法兰盘中心的偏移量；W、P、R 的值为 0，说明三点法只平移了整个工具坐标系，并不改变其方向。

3. 六点法

通过六点法设置工具坐标系的步骤如下。

❶ 在 FANUC 示教器的操作面板中，单击 MENU 键，在弹出的 MENU 菜单中选择"设置→选择程序"，按 Enter 键进行确认，如图 2-46 所示。

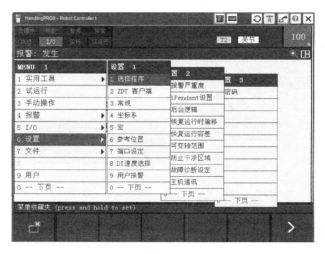

图 2-46

❷ 此时将弹出如图 2-47 所示的界面。单击"类型"按钮，在弹出的列表中选择"坐标系"，按 Enter 键进行确认。

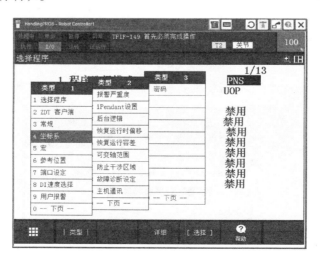

图 2-47

❸ 此时将弹出如图 2-48 所示的界面。单击"坐标"按钮，在弹出的列表中选择"工具坐标系"，按 Enter 键进入工具坐标系的设置界面。

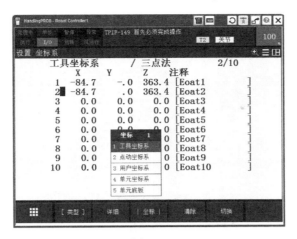

图 2-48

❹ 单击"详细"按钮（快捷键为 F2 键），进入工具坐标系的详细设置界面。

❺ 单击"方法"按钮，在弹出的列表中选择"六点法（XZ）"，按 Enter 键进行确认，如图 2-49 所示。

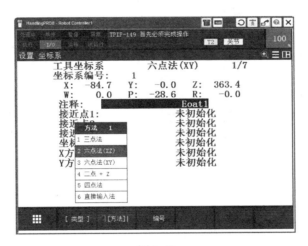

图 2-49

❻ 可为工具输入注释（输入的内容一般为该工具的功能）。

❼ 令"接近点 1"～"接近点 3"以不同的姿势指向同一点。当接近点还没有被定义时，显示为"未初始化"；若被定义过，则显示为"已记录"。将光标移动到"接近点 1"，把坐标系切换为世界坐标系（WORLD）。移动工业机器人，使工具尖端接触到基准点，如图 2-50（a）所示。同时按 SHIFT 键和"记录"按钮，将此位置坐标记录到"接近点 1"中，如图 2-50（b）所示。

❽ 移动光标到"接近点 2"，沿着世界坐标系（WORLD）的 Z 轴方向抬高大约 50mm（为了避免在调整姿态时发生碰撞）。将坐标系切换为关节坐标系（JOINT），将 J6 轴（法兰面）至少旋转 90°，不要超过 180°。将坐标系切换为世界坐标系（WORLD），并移动工业机器人，使工具尖端接触到基准点，如图 2-51（a）所示。同时按 SHIFT 键和"记录"按钮，将此坐标位置记录到"接近点 2"中，如图 2-51（b）所示。

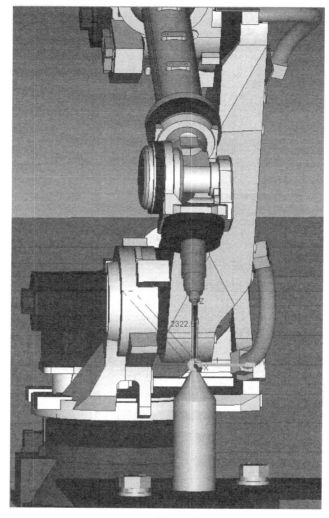

（a）

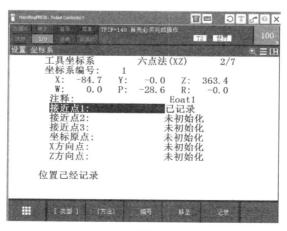

（b）

图 2-50

(a)

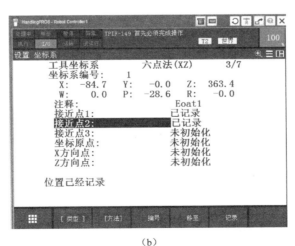

(b)

图 2-51

❾ 移动光标到"接近点 3",沿着世界坐标系（WORLD）的 Z 轴大约抬高 50mm（为了避免在调整姿态时发生碰撞）。将坐标系切换为关节坐标系（JOINT），并旋转 J4 轴和 J5 轴（不要超过 90°）。将坐标系切换为世界坐标系（WORLD），并移动工业机器人，使工具尖端接触到基准点，如图 2-52（a）所示。同时按 SHIFT 和"记录"按钮，将此位置记录到"接近点 3"中，如图 2-52（b）所示。

（a）

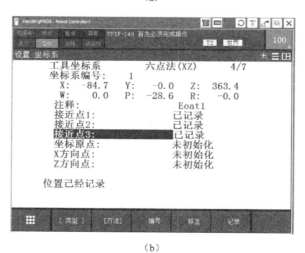

（b）

图 2-52

❿ 将光标移至"接近点 1"，同时单击使能键、SHIFT 键和"移至"按钮，使工业机器人回到"接近点 1"；移动光标至坐标原点（Origin Point），移动工业机器人，使工具尖端接触到基准点，如图 2-53（a）所示。同时按 SHIFT 键和"记录"按钮，将此位置记录到坐标原点中，如图 2-53（b）所示。

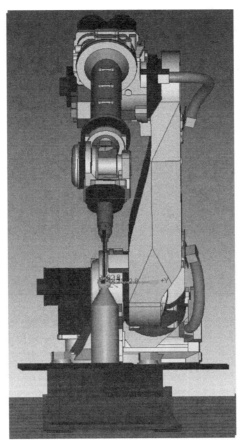

(a)

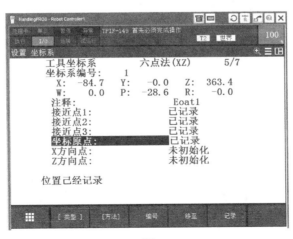

(b)

图 2-53

⓫ 将光标移至 X 方向点（X Direction Point），将坐标系切换为世界坐标系（WORLD）。移动工业机器人，使工具沿着需要设置的 X 方向至少移动 250mm，如图 2-54（a）所示。同时按 SHIFT 键和"记录"按钮，将此位置记录到 X 方向点中，如图 2-54（b）所示。

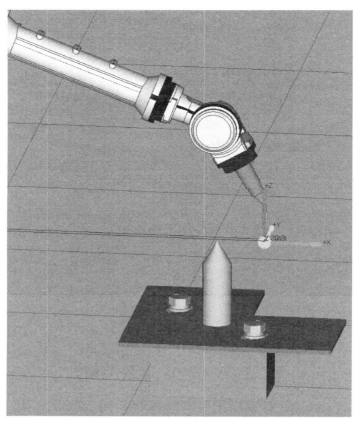

（a）

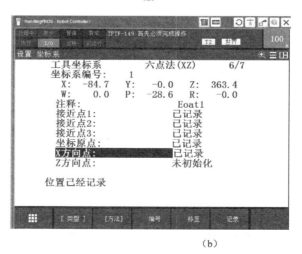

（b）

图 2-54

⑫ 将光标移至坐标原点（Origin Point），同时单击使能键、SHIFT 键和"移至"按钮，使机器人回到坐标原点，如图 2-55 所示。将光标移至 Z 方向点（Z Direction Point），并将坐标系切换为世界坐标系（WORLD）。移动工业机器人，使工具沿着需要设置的 Z 方向至少移动 250mm。同时按 SHIFT 键和"记录"按钮，将此位置记录到 Z 方向点中，如图 2-56 所示。

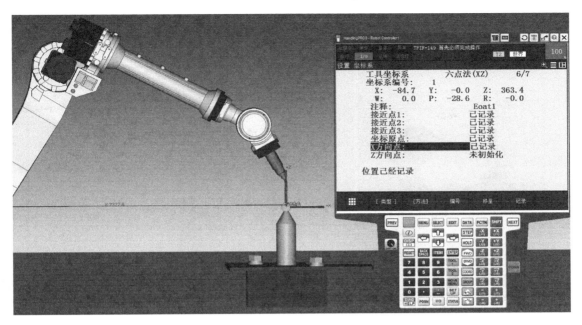

图 2-55

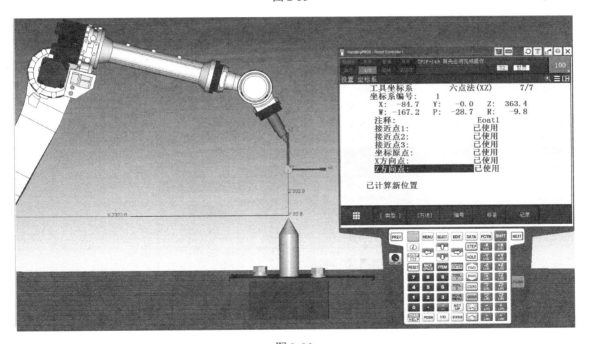

图 2-56

注意：在图 2-56 中，X、Y、Z 的值表示当前设置的 TCP 相对于默认法兰盘（J6 轴圆盘中心点）中心的偏移量；W、P、R 的值表示当前设置的工具坐标系与默认工具坐标系的旋转量。工具坐标系与世界坐标系的对比如图 2-57 所示。

⓭ 当 6 个点的位置都被记录后，新的工具坐标系将被系统自动计算并生成。

⓮ 单击 FANUC 示教器操作面板中的 PREV 键，返回到工具坐标系的设置界面，如图 2-58 所示。

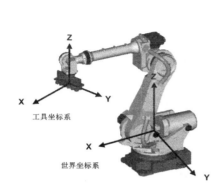

图 2-57

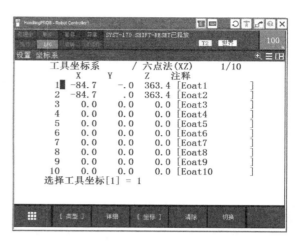

图 2-58

4. 直接输入法

直接输入法是指直接在机器人所需设置的工具坐标系中输入 TCP 相对默认工具坐标系原点的 X、Y、Z 的值，以及需要更改的工具坐标系相对默认工具坐标系方向的回转角 W、P、R 的值。

应用直接输入法的操作步骤如下。

❶ 在 FANUC 示教器的操作面板中，单击 MENU 键，在弹出的 MENU 菜单中选择"设置→选择程序"，按 Enter 键进行确认，如图 2-59 所示。

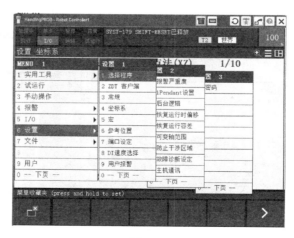

图 2-59

❷ 此时将弹出如图 2-60 所示的界面。单击"类型"按钮，在弹出的列表中选择"坐标系"，按 Enter 键进行确认。

❸ 此时将弹出如图 2-61 所示的界面。单击"坐标"按钮，在弹出的列表中选择"工具坐标系"，按 Enter 键进入工具坐标系的设置界面。

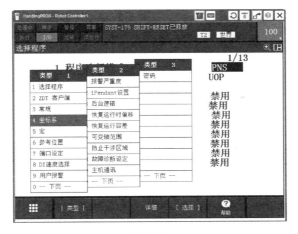

图 2-60

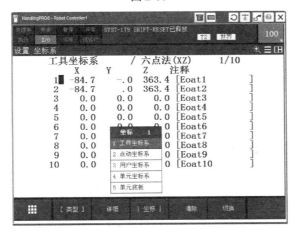

图 2-61

❹ 单击"详细"按钮（快捷键为 F2 键），进入工具坐标系的详细设置界面。

❺ 单击"方法"按钮，在弹出的列表中选择"直接输入法"，按 Enter 键进行确认，如图 2-62 所示。

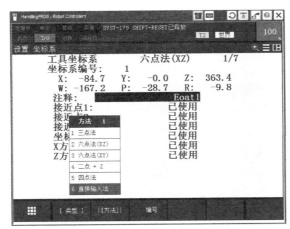

图 2-62

❻ 可为工具输入注释（输入的内容一般为该工具的功能）。

❼ 将光标移至需要修改的选项，单击 Enter 键，输入对应的偏移值即可，如图 2-63 所示。输入完成后，再次单击 Enter 键，进行写入的确认操作。其他的偏移值输入方法与此步骤相同，这里不再赘述。

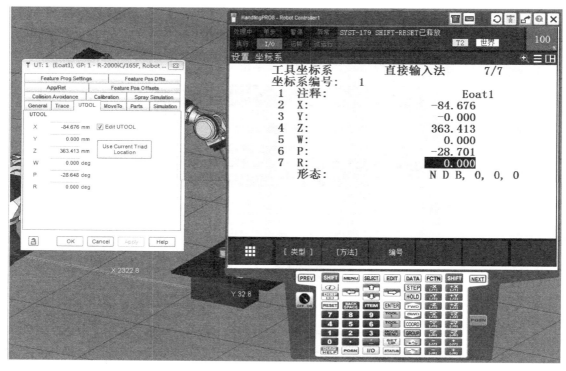

图 2-63

2.3.2 激活工具坐标系

激活新创建的工具坐标系的方法如下。

- 方法一：在 FANUC 示教器的操作面板中，按 PREV（前一页）键返回如图 2-64 所示界面；单击"切换"按钮，将出现"输入坐标系编号"（Enter Frame Number）的字样。输入需要激活的工具坐标系编号，单击 Enter 键进行确认，即可激活该坐标，如图 2-65 所示。

- 方法二：在任何一个界面中，同时按 FANUC 示教器操作面板中的 SHIFT 键和 COORD 键，即可在屏幕右上角弹出如图 2-66 所示的菜单。将光标移到"Tool（.=10）"选项，输入需要激活的工具坐标系编号即可。

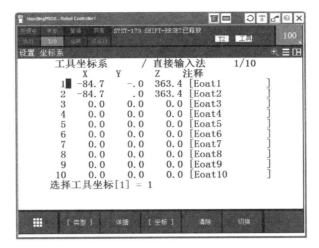

图 2-64

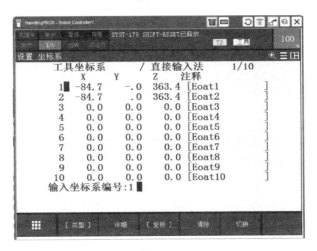

图 2-65

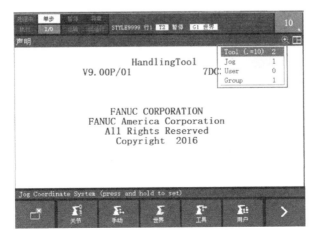

图 2-66

2.3.3 检验工具坐标系

工具坐标系的检验步骤如下：

❶ 检验 X、Y、Z 方向：将坐标系切换到工具坐标系（TOOL），如图 2-67 所示。同时按 SHIFT 键和任意运动键，令机器人分别沿着 X、Y、Z 的方向移动，以便检查工具坐标系的方向是否满足要求。

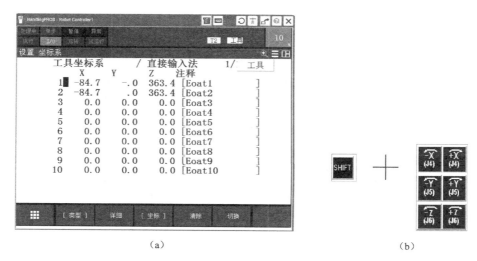

图 2-67

❷ 检验 TCP 的位置是否满足要求：将坐标系切换到世界坐标系（WORLD），如图 2-68 所示。同时按 SHIFT 键和任意运动键，令机器人绕 X、Y、Z 轴旋转，以便检查 TCP 的位置是否满足要求。

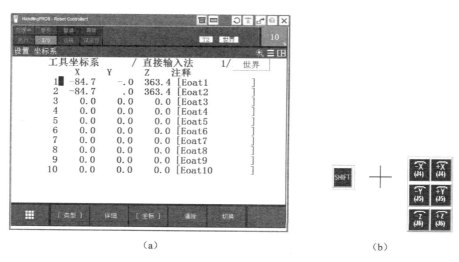

图 2-68

如果在以上检验的过程中发现有偏差，不符合要求，则需要重新定义坐标系。

2.4　熟悉用户坐标系

用户坐标系定义在工件上，可在机器人动作允许范围内的任意位置设置任意角度的 X、Y、Z 轴。用户坐标系的原点位于机器人抓取的工件上。用户坐标系的方向可根据客户需要任意定义。

最多可以设置 9 个用户坐标系，用户坐标系被存储在系统变量 $MNUFRAME 中。

2.4.1　设置用户坐标系

用户坐标系的设置方法有三点法、四点法、直接输入法。下面通过隐藏属性的实例来说明用户坐标系的设置方法。

1. 实例：隐藏属性

隐藏属性的操作步骤如下。

❶ 打开之前创建的 HandlingPRO8 工作单元，右键单击 TorchRecovery 选项，在弹出的快捷菜单中选择 TorchRecovery Properties，如图 2-69 所示。

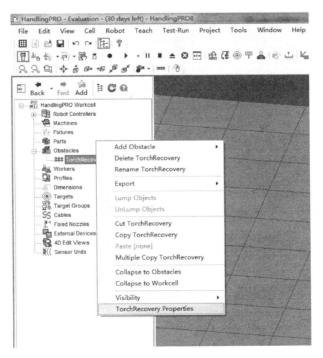

图 2-69

❷ 此时将弹出如图 2-70 所示的 TorchRecovery 对话框。取消勾选 Visible 复选框，即可将属性隐藏。

❸ 右键单击 Parts 选项，在弹出的快捷菜单中选择 "Add Part→Box"，用于添加 Part，如图 2-71 所示。

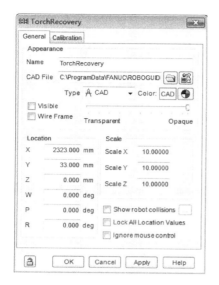

图 2-70

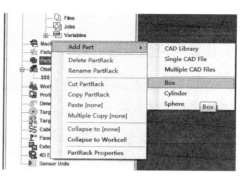

图 2-71

❹ 此时将弹出如图 2-72 所示的对话框，将 Part 命名为 Part1，单击 OK 按钮，并将工件移动到工业机器人前面。

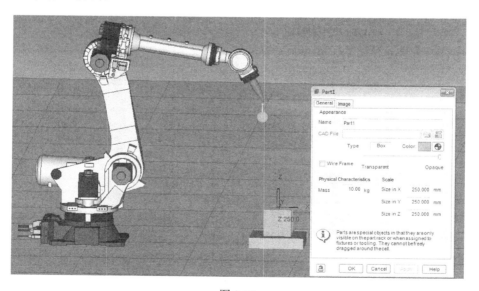

图 2-72

2. 三点法

通过三点法设置用户坐标系的步骤如下。

❶ 在 FANUC 示教器的操作面板中，单击 MENU 键，在弹出的 MENU 菜单中选择 "设置→选择程序"，按 Enter 键进行确认，如图 2-73 所示。

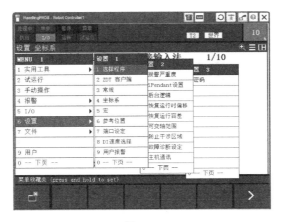

图 2-73

❷ 此时将弹出如图 2-74 所示的界面。单击"类型"按钮，在弹出的列表中选择"坐标系"，按 Enter 键进行确认。

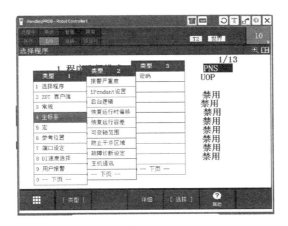

图 2-74

❸ 此时将弹出如图 2-75 所示的界面。单击"坐标"按钮，在弹出的列表中选择"用户坐标系"，按 Enter 键进入用户坐标系的设置界面。

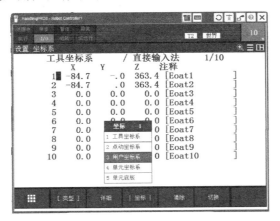

图 2-75

❹ 此时将弹出如图 2-76 所示的界面。单击"详细"按钮（快捷键为 F2 键），进入用户坐标系的详细设置界面。

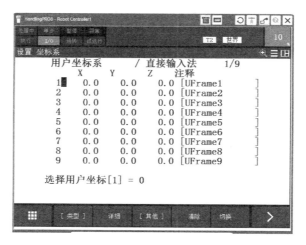

图 2-76

❺ 单击"方法"按钮，在弹出的列表中选择"三点法"，按 Enter 键进行确认，如图 2-77 所示。

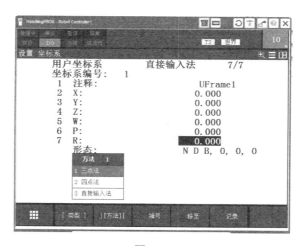

图 2-77

❻ 可为工具输入注释（输入的内容一般为该工具的功能）。

❼ 将机器人移至"坐标原点"（Origin Point），同时单击 SHIFT 键和"记录"按钮，将此位置记录在"坐标原点"中，如图 2-78（a）所示。完成操作后，"坐标原点"的状态更新为"已记录"，如图 2-78（b）所示。

❽ 把坐标系切换为世界坐标系（WORLD）。移动机器人，沿 X 轴方向至少移动 250mm，如图 2-79 所示。

❾ 将光标移至"X 方向点"，同时单击 SHIFT 键和"记录"按钮，将此位置记录在"X 方向点"中。操作完成后，"X 方向点"的状态更新为"已记录"，如图 2-80 所示。

❿ 将光标移到"坐标原点"，同时单击使能键、SHIFT 键和"移至"键，使机器人回到

"坐标原点"。

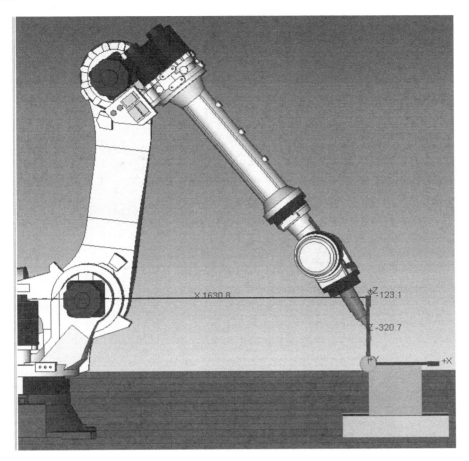

（a）

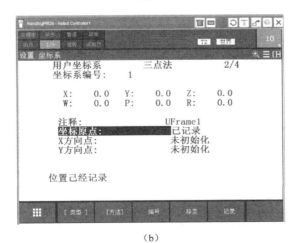

（b）

图 2-78

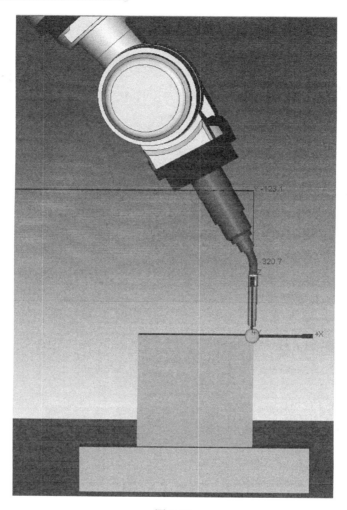

图 2-79

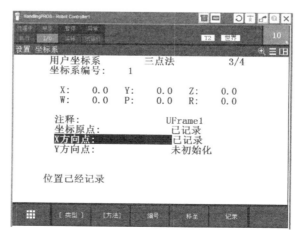

图 2-80

⓫ 机器人沿 Y 轴的正方向至少移动 250mm，如图 2-81 所示。

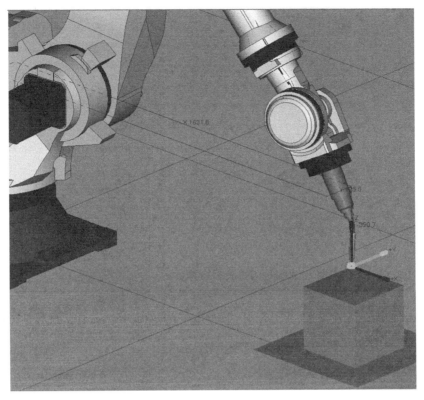

图 2-81

⓬ 将光标移至"Y 方向点"，同时单击 SHIFT 键和"记录"按钮，将此位置记录在"Y 方向点"中。操作完成后，"Y 方向点"的状态更新为"已记录"，如图 2-82 所示。

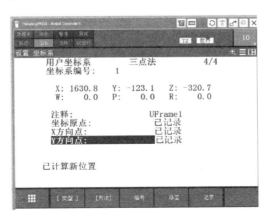

图 2-82

⓭ 单击示教器操作面板中的 PREV 键，返回到用户坐标系的设置界面。

注意：在图 2-82 中，X、Y、Z 的数据表示当前设置的用户坐标系的原点相对于世界坐标系的偏移量；W、P、R 的数据表示当前设置的用户坐标系相对于世界坐标系的旋转量。

3. 四点法

应用四点法的操作步骤如下。

❶ 在 FANUC 示教器的操作面板中，单击 MENU 键，在弹出的 MENU 菜单中选择"设置→选择程序"，按 Enter 键进行确认。

❷ 在弹出的界面中单击"类型"按钮，在弹出的列表中选择"坐标系"，按 Enter 键进行确认。

❸ 在弹出的界面中单击"坐标"按钮，在弹出的列表中选择"用户坐标系"，按 Enter 键进入用户坐标系的设置界面。

❹ 在弹出的界面中单击"详细"按钮（快捷键为 F2 键），进入用户坐标系的详细设置界面。

❺ 单击"方法"按钮，在弹出的列表中选择"四点法"，按 Enter 键进行确认，如图 2-83 所示。

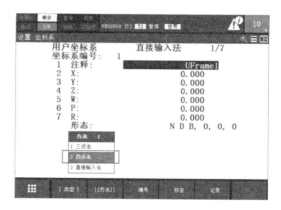

图 2-83

❻ 可以为工具输入注释（输入的内容一般为该工具的功能）。

❼ 将机器人移至"X 轴原点"（X Orient Origin Point），如图 2-84（a）所示，同时单击 SHIFT 键和"记录"按钮，将此位置记录在"X 轴原点"中。完成操作后，"X 轴原点"的状态更新为"已记录"，如图 2-84（b）所示。

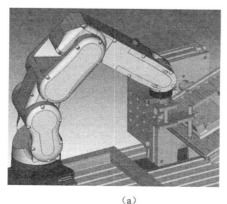

（a）

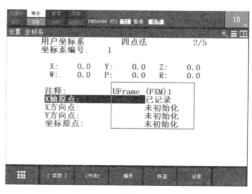

（b）

图 2-84

❽ 把坐标系切换为世界坐标系（WORLD）。移动机器人，沿 X 轴正方向至少移动 250mm，如图 2-85 所示。

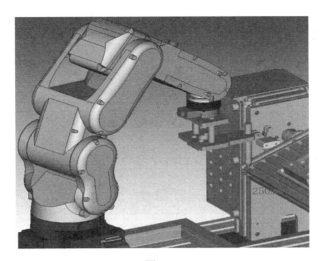

图 2-85

❾ 将机器人移至"X 方向点"（X Direction Point），同时单击 SHIFT 键和"记录"按钮，将此位置记录在"X 方向点"中。完成操作后，"X 方向点"的状态更新为"已记录"，如图 2-86 所示。

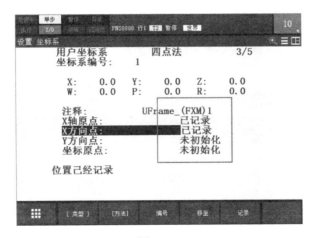

图 2-86

❿ 将机器人移至"坐标原点"（Origin Point），同时单击 SHIFT 键和"记录"按钮，将此位置记录在"坐标原点"中。完成操作后，"坐标原点"的状态更新为"已记录"。

⓫ 机器人沿 Y 轴的正方向至少移动 250mm，如图 2-87 所示。

⓬ 将光标移至"Y 方向点"，同时单击 SHIFT 键和"记录"按钮，将此位置记录在"Y 方向点"中。操作完成后，"Y 方向点"的状态更新为"已记录"，如图 2-88 所示。此时新的用户坐标系将由系统自动计算并生成。

⓭ 单击示教器操作面板中的 PREV 键，返回到用户坐标系的设置界面。

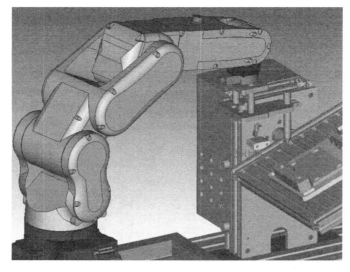

图 2-87

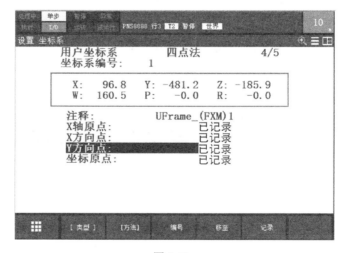

图 2-88

4. 直接输入法

应用直接输入法的操作步骤如下。

❶ 在 FANUC 示教器的操作面板中，单击 MENU 键，在弹出的 MENU 菜单中选择"设置→选择程序"，按 Enter 键进行确认。

❷ 在弹出的界面中单击"类型"按钮，在弹出的列表中选择"坐标系"，按 Enter 键进行确认。

❸ 在弹出的界面中单击"坐标"按钮，在弹出的列表中选择"用户坐标系"，按 Enter 键进入用户坐标系的设置界面。

❹ 在弹出的界面中单击"详细"按钮（快捷键为 F2 键），进入用户坐标系的详细设置界面。

❺ 单击"方法"按钮，在弹出的列表中选择"直接输入法"，按 Enter 键进行确认，如

图 2-89 所示。

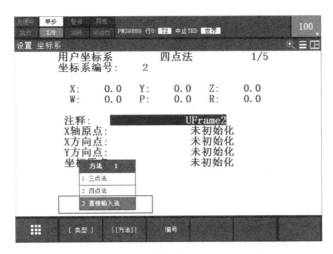

图 2-89

❻ 可以为工具输入注释（输入的内容一般为该工具的功能）。

❼ 将光标移至需要修改的选项，单击 Enter 键，输入对应的偏移值即可，如图 2-90 所示。输入完成后，再次单击 Enter 键，进行写入的确认操作。其他的偏移值输入方法，与此步骤相同，这里不再赘述。

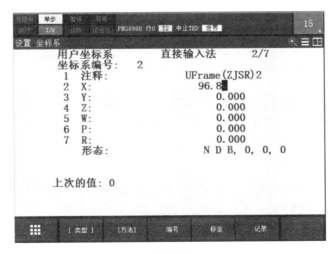

图 2-90

2.4.2　激活用户坐标系

激活新创建的用户坐标系的方法如下。

● 方法一：在如图 2-82 所示的界面中按 PREV（前一页）键返回如图 2-91 所示界面。单击"切换"按钮，将出现"输入坐标系编号"（Enter Frame Number）的字样，如图 2-92 所示。输入需要激活的用户坐标系编号，单击 Enter 键进行确认，即可激活该坐标。

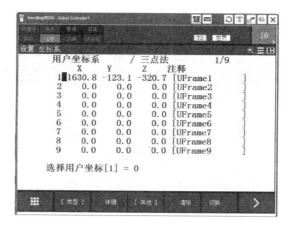

图 2-91

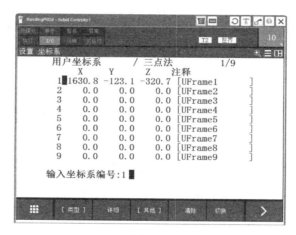

图 2-92

- 方法二：在任何一个界面中，同时按示教器操作面板中的 SHIFT 键和 COORD 键，即可在屏幕右上角弹出如图 2-93 所示的菜单。将光标移到 User 选项，输入需要激活的用户坐标系编号即可。

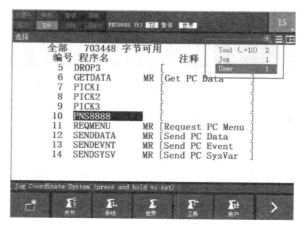

图 2-93

2.4.3　检验用户坐标系

用户坐标系的检验步骤如下：

❶ 通过 COORD 键将坐标系切换到用户坐标系，如图 2-94 所示。

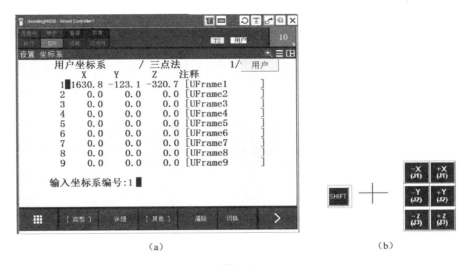

（a）　　　　　　　　　　　　　　　（b）

图 2-94

❷ 同时按 SHIFT 键和任意运动键，令机器人分别沿着 X、Y、Z 的方向移动，以便检查用户坐标系的方向是否满足要求。

如果在以上检验过程中发现有偏差，不符合要求，则需要重新定义用户坐标系。

第 3 章

管理程序

学习目标

- 创建程序
- 编辑程序
- 选择程序
- 删除程序
- 复制程序

3.1 创建程序

创建程序的操作步骤如下。

❶ 在 FANUC 示教器的操作面板中，单击 SELECT 按钮，显示如图 3-1 所示的界面。单击"类型"按钮，可在弹出的列表中选择"最近""全部""集合""TP 程序""宏""条件"选项。

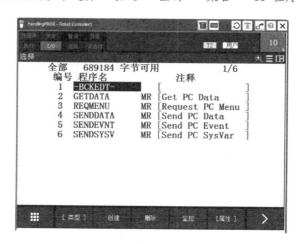

图 3-1

❷ 单击"创建"按钮，进入程序的创建界面。

❸ 移动光标，选择合适的输入方式输入程序名称，单击 Enter 键，效果如图 3-2 所示。

> **注意：** 不能以空格、符号、数字作为程序名称的开头，否则不能创建程序。

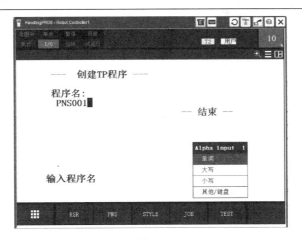

图 3-2

❹ 再次单击 Enter 键，程序即可创建完成。

3.2　编辑程序

1. 修改程序名

打开如图 3-3 所示的界面，将光标移至程序名，并按 Enter 键进行确认。移动光标选择输入法，如"大写""小写""标点符号""其他/键盘"。输入程序名后单击 Enter 键。

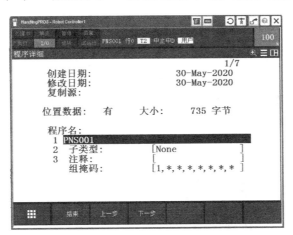

图 3-3

2. 选择子类型

移动光标到"子类型"，如图 3-4 所示。单击"选择"按钮（按 F4 键），可对"子类型"进行选择：None（无）、Collection、Macro（宏程序）、Cond（条件程序）。虽然在"子类型"中有 Cond 选项，但是在喷涂工具中不使用该选项。

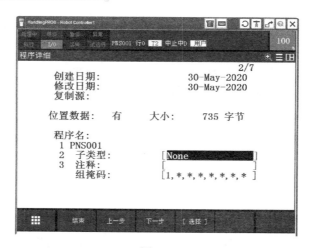

图 3-4

3. 添加注释

移动光标到"注释",按 Enter 键进行确认。移动光标选择输入法,如"大写""小写""标点符号""其他/键盘"。添加注释后单击 Enter 键,如图 3-5 所示。

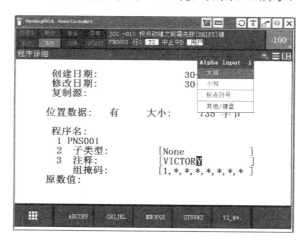

图 3-5

4. 设置组掩码

移动光标到需要启用或禁用的组,如图 3-6 所示。若输入 1,则启用一个组;若输入"*",则禁用一个组。

> 注意:
>
> (1)一个程序可以使用多个组,但是只能有 2 个组执行笛卡儿运动。组掩码中的第 1 个位置对应第 1 组,第 2 个位置对应第 2 组,依次类推。
>
> (2)如果程序没有多个组,则只能将第 1 组的掩码设为 1,或者通过将掩码设为"*"来禁用第 1 组。
>
> (3)组掩码设置完毕后,若程序中添加了运动指令,则无法修改该程序的组掩码。

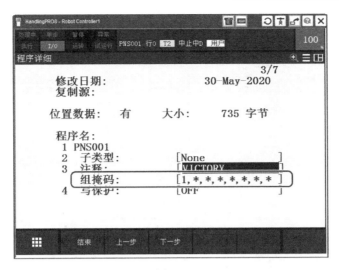

图 3-6

5. 设置写保护

移动光标到"写保护",如图 3-7 所示。若单击 ON 按钮(按 F4 键),则打开写保护功能;若单击 OFF 按钮(按 F5 键),则关闭写保护功能。

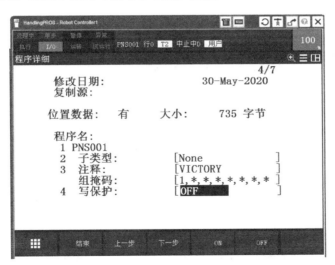

图 3-7

6. 设置忽略暂停

移动光标到"忽略暂停",如图 3-8 所示。若单击 ON 按钮(按 F4 键),则打开忽略暂停功能;若单击 OFF 按钮(按 F5 键),则关闭忽略暂停功能。

7. 选择运动指令

选择运动指令的操作步骤如下。

❶ 在 FANUC 示教器的操作面板中,单击 SELECT 按钮,显示如图 3-1 所示的界面。

通过移动光标选择所需要的程序。

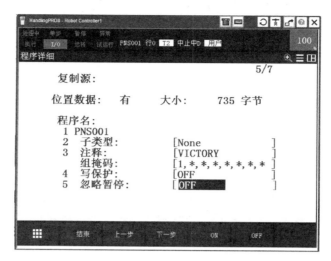

图 3-8

❷ 单击 Enter 键，进入程序的编辑界面。

❸ 单击"点"按钮，弹出如图 3-9 所示的界面。移动光标选择合适的运动指令（在这里选择"J P[] 100% FINE"指令对轨迹进行示教），单击 Enter（回车）键进行确认。

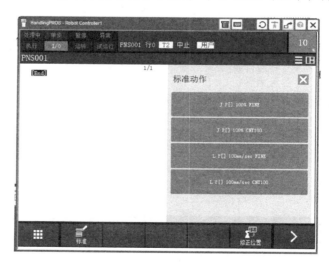

图 3-9

- J P[] 100% FINE：表示关节运动精确到达。
- J P[] 100% CNT100：表示关节运动带转弯角度。
- L P[] 100%mm/sec FINE：表示线性运动精确到达。
- L P[] 100%mm/sec CNT100：表示线性运动带转弯角度。

❹ 轨迹示教开始的界面如图 3-10 所示。

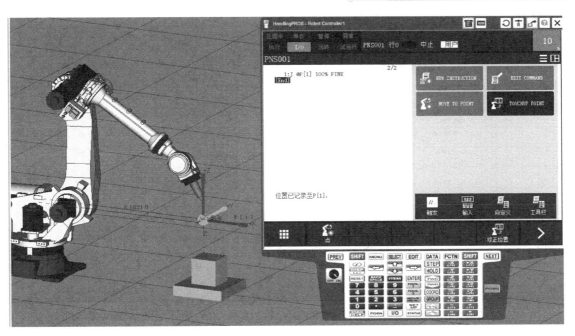

图 3-10

❺ 起始点位置与结束点位置可以重合。轨迹示教结束的界面如图 3-11 所示。

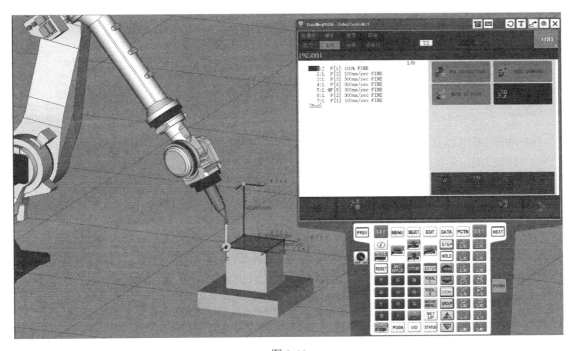

图 3-11

❻ 如果打开了 TCP Traces，则可打开或关闭隐藏轨迹功能：右键单击 Profiles 选项，在弹出的快捷菜单中，若选择 Hide All TCP Traces（见图 3-12），则可打开隐藏轨迹功能；若选择 Set All Keep Visible（见图 3-13），则可关闭隐藏轨迹功能。

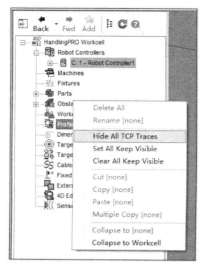

图 3-12

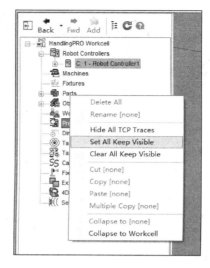

图 3-13

8. 插入跳转指令和标签指令

（1）跳转指令

跳转指令的格式：JMP LBL[i]，用于使程序的执行转移到同程序内的指定标签，如图 3-14 所示。

$$\text{JMP} \quad \text{LBL} \ [\ \text{i}\ ]$$
标签号码（1~32767）

图 3-14

例如：

- JMP LBL[2:HOME]
- JMP LBL[R[3]]

（2）标签指令

标签指令的格式：LBL[i]，用于表示程序内的转移目的地。为了说明该标签，还可以追加注解。一旦定义标签，就可以在条件转移和无条件转移中使用。标签指令中的标签号码不能进行间接指定。将光标指向标签号码后单击 Enter 键，即可输入注解，如图 3-15 所示。

$$\text{LBL} \ [\ \text{i} : \quad \text{注解}]$$
标签号码 —— 注解可以使用 16 个字符以内的数字、
（1~32766） 字符、*、__、@ 等的记号。

图 3-15

例如：

JMP LBL[2:HOME]

LBL[1]

L P[1]200mm/s CNT20

JMP LBL[R[3]]

LBL[2:HOME]

L P[2]300mm/s FINE

END

在程序中如何插入跳转指令和标签指令呢？操作步骤如下。

❶ 在 FANUC 示教器的操作面板中，单击 EDIT 按钮，显示程序编辑界面。

❷ 移动光标到需要插入空白行的位置（空白行插在光标所在行之前），单击"编辑"按钮（按 F5 键），在弹出的列表中选中"插入"选项，单击 Enter 键进行确认，如图 3-16 所示。

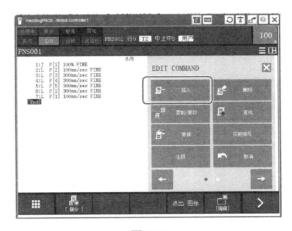

图 3-16

❸ 此时界面下方会出现"插入多少行？："的提示信息，如图 3-17 所示。利用数字键输入需要插入的行数，单击 Enter 键进行确认。

图 3-17

❹ 再次进入程序编辑界面。单击"指令"按钮，在弹出的列表中选择"JMP/LBL"选项，单击 Enter 键进行确认，如图 3-18 所示。

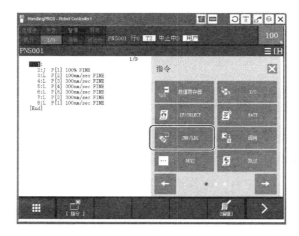

图 3-18

❺ 之后选择 "LBL[ ]" 选项，即将在新插入的行中应用标签指令，如图 3-19 所示。

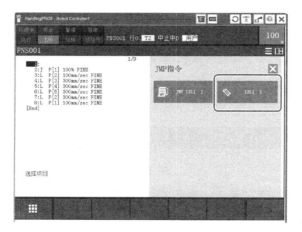

图 3-19

❻ 插入标签指令后，在 "[ ]" 中输入 1，标签指令插入完成，如图 3-20 所示。

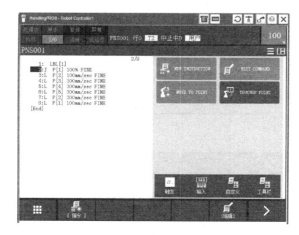

图 3-20

❼ 返回如图 3-21 所示的界面，选择 "JMP LBL[ ]" 选项，即在程序中应用跳转指令。

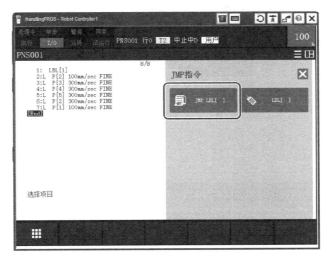

图 3-21

❽ 插入跳转指令后，在 "[ ]" 中输入 1，跳转指令插入完成，如图 3-22 所示。

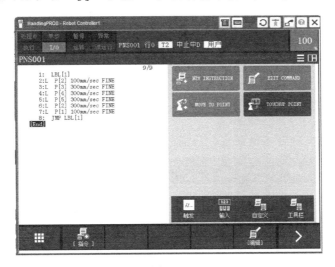

图 3-22

3.3 选择程序

选择程序的操作步骤如下：

❶ 在 FANUC 示教器的操作面板中，单击 SELECT 按钮，显示如图 3-23 所示的界面。通过移动光标选择所需要的程序。

❷ 单击 Enter 键或 EDIT 键，进入程序的编辑界面，如图 3-24 所示。

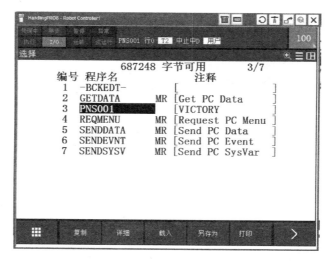

图 3-23

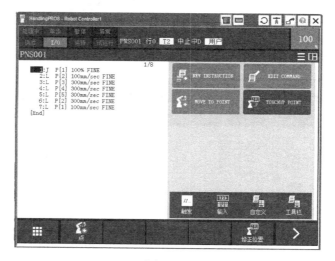

图 3-24

3.4 删除程序

删除程序的操作步骤如下：

❶ 在 FANUC 示教器的操作面板中，单击 SELECT 按钮，显示如图 3-25 所示的界面。移动光标选择需要删除的程序（在这里选中 PNS001）。

❷ 单击"删除"按钮，弹出"是否删除？"的提示信息（若在界面中找不到"删除"按钮，则可通过在 FANUC 示教器的操作面板中，单击 > 按钮，在下一个功能菜单中查找）。单击"是"按钮，即可完成程序的删除操作，如图 3-26 所示。

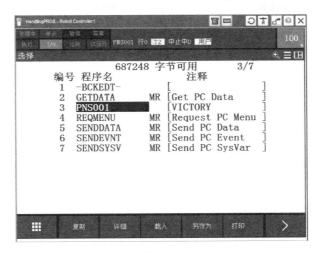

图 3-25

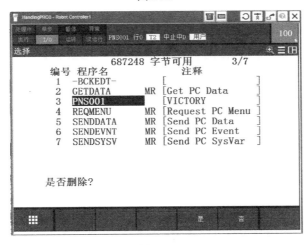

图 3-26

3.5　复制程序

复制程序的操作步骤如下:

❶ 在 FANUC 示教器的操作面板中,单击 SELECT 按钮,显示如图 3-27 所示的界面。通过移动光标选择需要复制的程序 (在这里选中 PNS001)。

❷ 单击 "复制" 按钮 (若在界面中找不到 "复制" 按钮,则可通过在 FANUC 示教器的操作面板中,单击 > 按钮,在下一个功能菜单中查找)。

❸ 此时将弹出如图 3-28 所示的界面,选择需要的输入方式完成程序名称的编辑操作,效果如图 3-29 所示。

❹ 单击 Enter 键,弹出 "是否复制?" 的提示信息,单击 "是" 按钮,即可完成程序的复制操作。

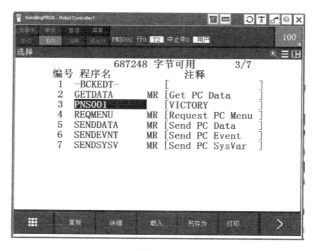

图 3-27

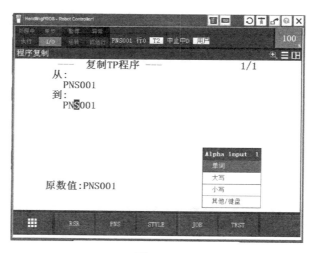

图 3-28

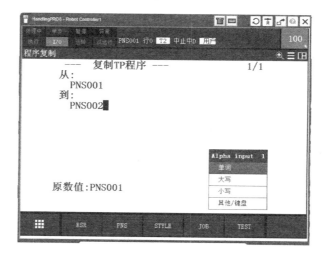

图 3-29

创建搬运工作单元

4.1 布局

本章将创建一个基本的搬运工作单元。在项目开始之前，需要先做一个大概的布局，从而降低在创建工作单元时出现手忙脚乱，甚至推翻重做的可能性。

在本章中，搬运工作单元的布局如图 4-1 所示。

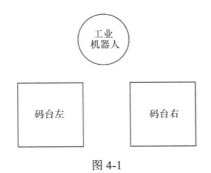

图 4-1

仿真过程：在"码台左"中放置一件货物，由工业机器人将"码台左"中的货物放置到"码台右"中。

注意：在"码台右"中也会放置一件货物，但不是为了抓取，而是为了方便工业机器人获取放置位置，即示教。

4.2 创建工作单元

创建工作单元的操作步骤如下。

❶ 在 FANUC 文件夹中，双击 ROBOGUIDE 图标，如图 4-2 所示，打开 ROBOGUIDE 软件界面。

图 4-2

❷ 选择"File→New"，弹出如图 4-3 所示的对话框，单击 New Cell 按钮。

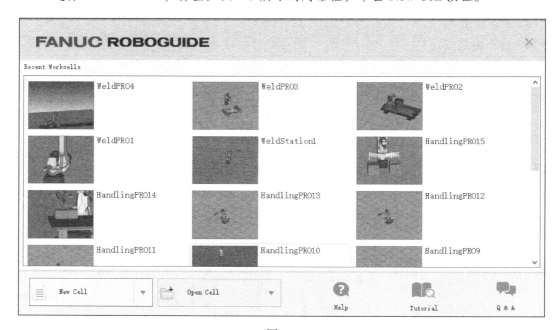

图 4-3

❸ 此时将弹出 Workcell Creation Wizard 对话框中的 Step 1-Process Selection，如图 4-4 所示。选择 HandlingPRO 选项后，单击 Next 按钮。

❹ 此时将弹出 Workcell Creation Wizard 对话框中的 Step 2-Workcell Name，如图 4-5 所示。在 Name 文本框中输入 Carry1，单击 Next 按钮。

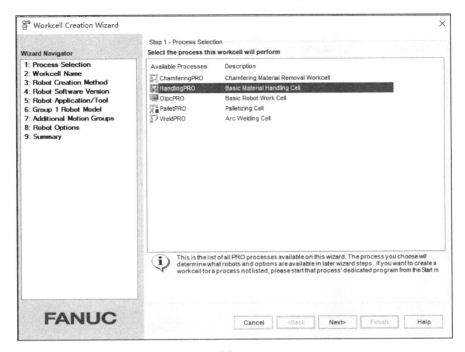

图 4-4

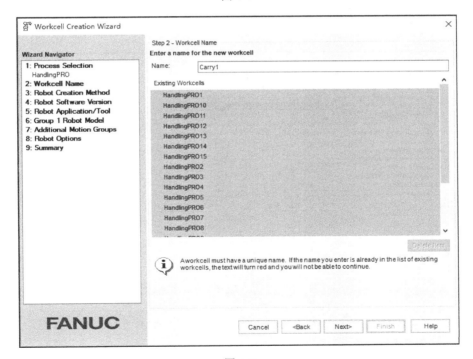

图 4-5

❺　此时将弹出 Workcell Creation Wizard 对话框中的 **Step 3-Robot Creation Method**，如图 4-6 所示。选中 Create a new robot with the default HandlingPRO config 单选按钮，单击 Next 按钮。

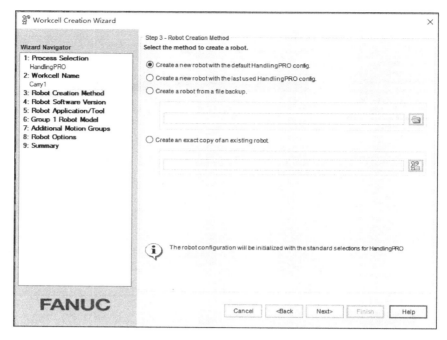

图 4-6

❻ 此时将弹出 Workcell Creation Wizard 对话框中的 Step 4-Robot Software Version，如图 4-7 所示。选择软件版本 V8.30，单击 Next 按钮。

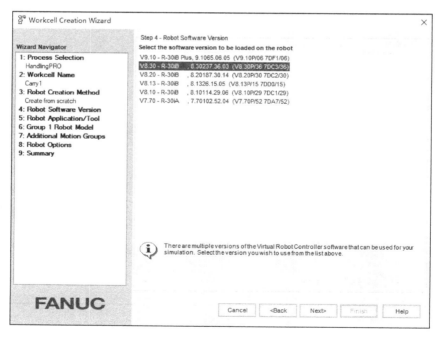

图 4-7

❼ 此时将弹出 Workcell Creation Wizard 对话框中的 Step 5-Robot Application/Tool，如图 4-8 所示。在这里不做修改，保持默认设置，单击 Next 按钮。

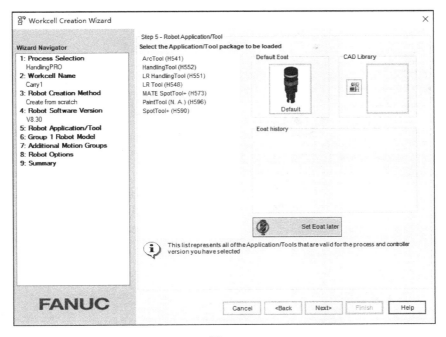

图 4-8

❽ 此时将弹出 Workcell Creation Wizard 对话框中的 Step 6-Group 1 Robot Model，如图 4-9 所示。在列表框中选择 "LR Mate 200iD/4S" 工业机器人，单击 Next 按钮。

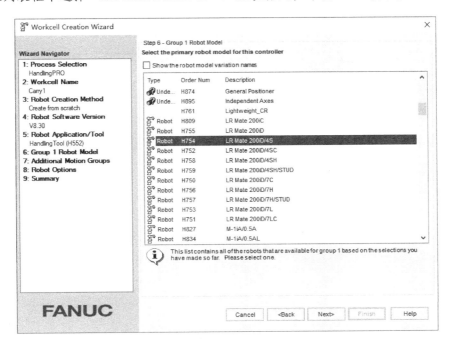

图 4-9

❾ 此时将弹出 Workcell Creation Wizard 对话框中的 Step 7-Additional Motion Groups，如图 4-10 所示。在这里不做修改，保持默认设置，单击 Next 按钮。

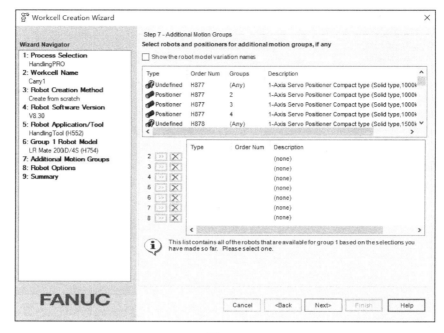

图 4-10

❿ 此时将弹出 Workcell Creation Wizard 对话框中的 Step 8-Robot Options，如图 4-11 所示。切换到 Languages 选项卡，如图 4-12 所示。在 Basic Dictionary 列表框中选中 Chinese Dictionary 单选按钮，在 Option Dictionary 列表框中选中 Option Dictionary（English）复选框，单击 Next 按钮。

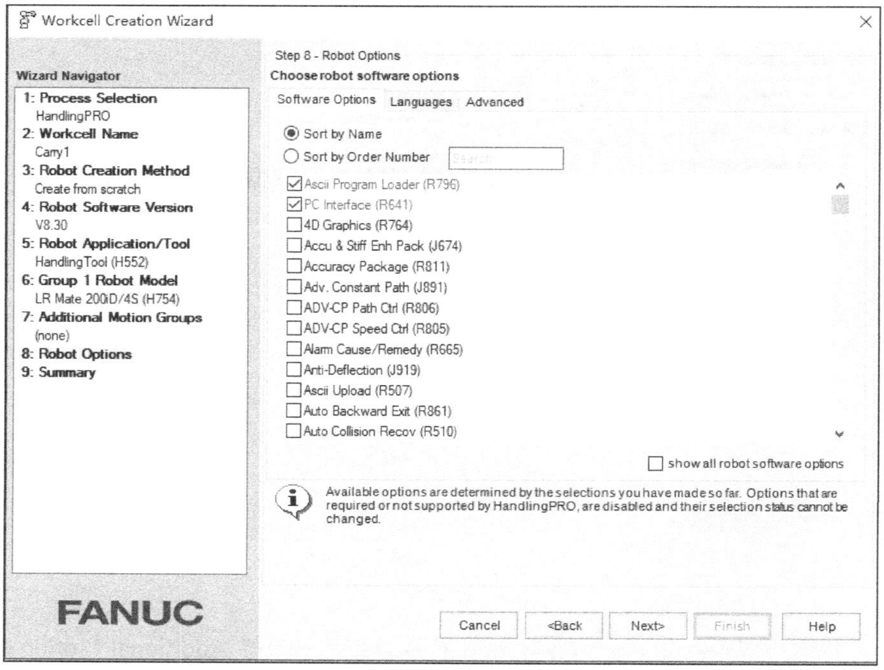

图 4-11

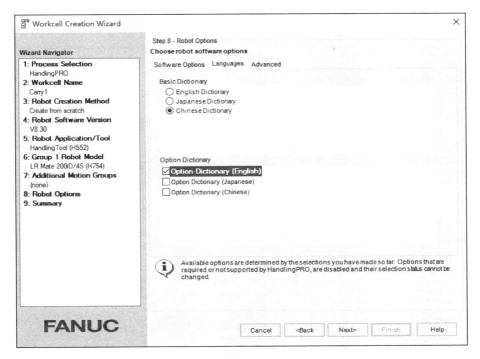

图 4-12

⓫ 此时将弹出 Workcell Creation Wizard 对话框中的 Step 9-Summary，如图 4-13 所示。
单击 Finish 按钮。

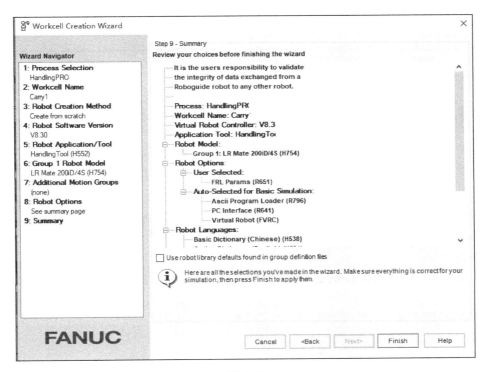

图 4-13

⑫ 到此，工作单元创建完成，效果如图 4-14 所示。

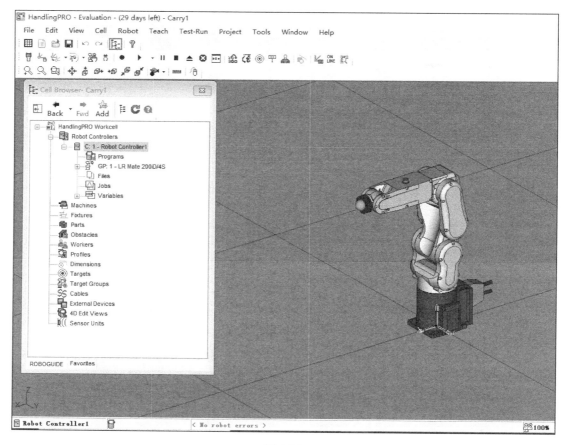

图 4-14

4.3 创建动态夹具

动态夹具是搬运工作单元时不可或缺的工具。下面将创建一个动态夹具，操作步骤如下。

❶ 打开 ROBOGUIDE 软件界面，在 Cell Browser-Carry1 对话框中，右键单击 Tooling 下的"UT:1（Eoat1）"，在弹出的快捷菜单中选择 Eoat1 Properties，如图 4-15 所示。

❷ 此时将打开如图 4-16 所示的对话框，在 General 选项卡中单击▒按钮，准备导入模型库里的夹具模型。

❸ 此时将打开 Image Librarian 对话框，选择 grippers 中的 36005f-200-2，单击 OK 按钮，如图 4-17 所示。

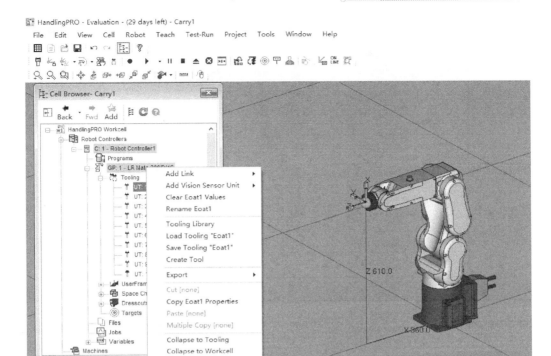

图 4-15

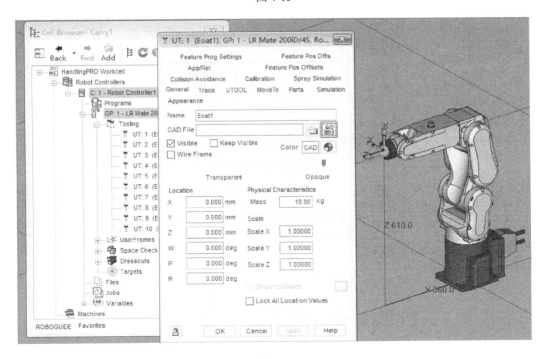

图 4-16

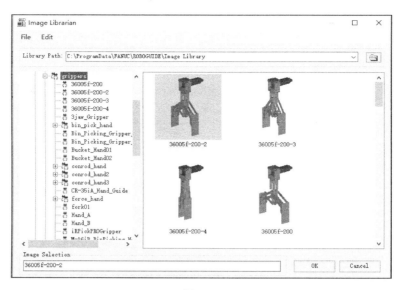

图 4-17

❹ 此时将返回如图 4-18 所示的对话框，按照标注的内容填写数据后单击 Apply 按钮。

> **注意**：在图 4-18 中，Location 用于输入夹具的安装位置；Mass 用于输入夹具的质量；Scale 用于输入夹具的尺寸比例；Visible 用于显示或隐藏夹具，一般情况下设置为显示，即勾选 Visible 复选框。

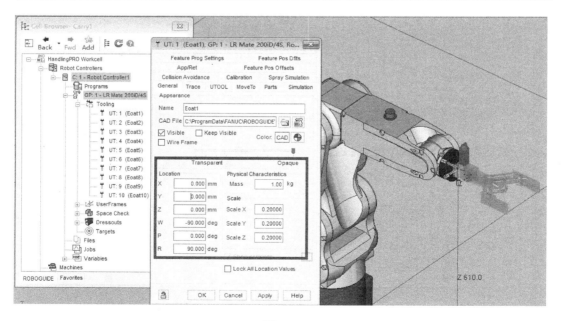

图 4-18

❺ 打开 Simulation 选项卡，如图 4-19 所示，可为夹具添加动态效果。单击▦按钮，选择另一个状态的夹具。

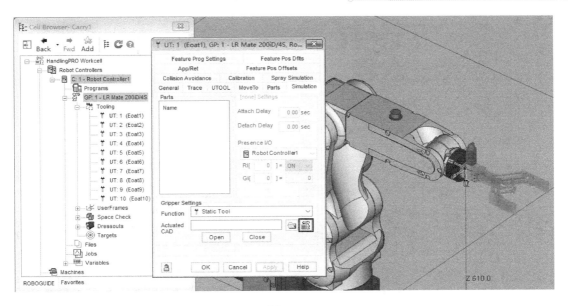

图 4-19

❻ 此时将打开 Image Librarian 对话框，选择 grippers 中的 36005f-200-3，单击 OK 按钮，如图 4-20 所示。

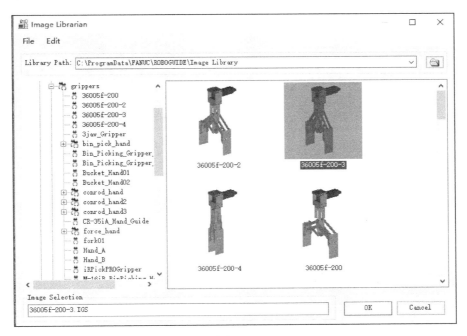

图 4-20

❼ 此时将返回如图 4-19 所示的对话框。为了测试效果，可先单击 Apply 按钮。

❽ 在单击 Apply 按钮后先等待一会儿，再尝试单击 Close 按钮，这时夹具应切换成夹取状态，如图 4-21 所示。

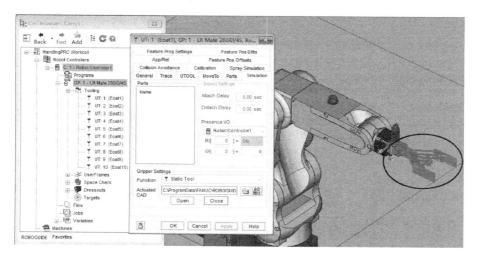

图 4-21

❾ 状态切换成功后，单击 **Open** 按钮，这时夹具应切换成放松状态，如图 4-22 所示。

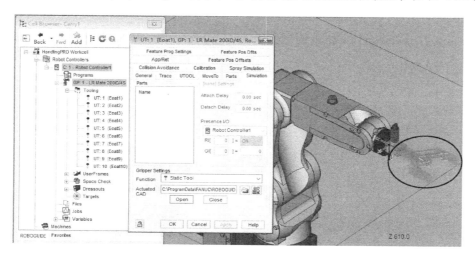

图 4-22

❿ 到此，动态夹具创建完成，关闭对话框即可。

4.4 创建被搬运工件和码台

4.4.1 创建被搬运工件

创建被搬运工件的操作步骤如下。

❶ 打开 ROBOGUIDE 软件界面，在 Cell Browser-Carry1 对话框中，右键单击 Part 选项，在弹出的快捷菜单中选择 "Add Part→Box"，如图 4-23 所示。

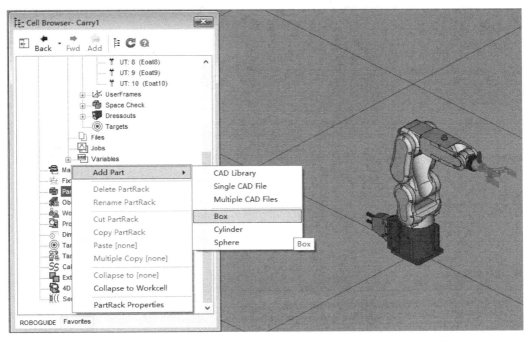

图 4-23

❷ 此时将弹出 Part1 对话框，如图 4-24 所示。在 Mass 文本框中输入 1（单位：kg），在 Size in X 文本框、Size in Y 文本框、Size in Z 文本框中均输入 85（单位：mm）。单击 Apply 按钮，即可完成被搬运工件的创建。

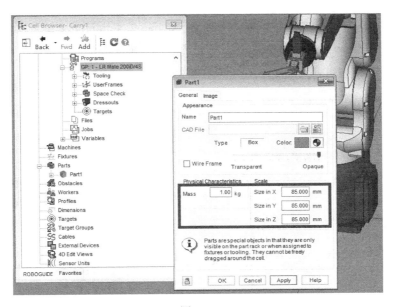

图 4-24

注意：在被搬运工件创建完成后，还会进入图 4-22 中的 Parts 选项卡进行设置，设置完成后才能起到夹取工件的效果。

4.4.2 创建码台

创建码台的操作步骤如下。

❶ 打开 ROBOGUIDE 软件界面，在 Cell Browser-Carry1 对话框中，右键单击 Fixtures 选项，在弹出的快捷菜单中选择"Add Fixture→Box"，如图 4-25 所示。

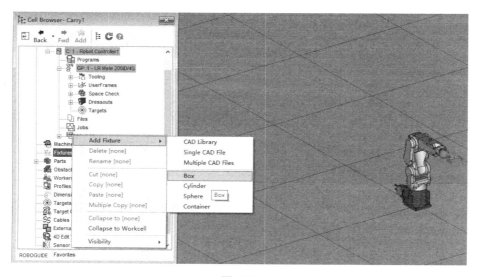

图 4-25

❷ 此时将弹出 Fixture1 对话框，如图 4-26 所示。在 X 文本框、Y 文本框、Z 文本框中分别输入 300、−200、200（单位：mm）；在 W 文本框、P 文本框、R 文本框中均输入 0（单位：deg）；在 Size in X 文本框、Size in Y 文本框、Size in Z 文本框中均输入 200（单位：mm）。其他选项保持默认值，单击 Apply 按钮，即可完成码台的创建。

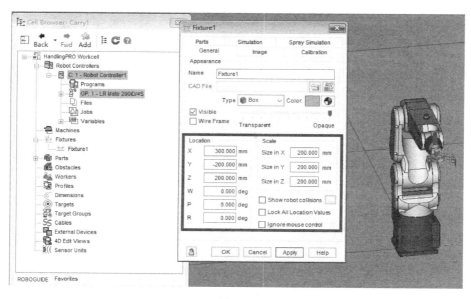

图 4-26

4.4.3　设置被搬运工件和码台

设置被搬运工件和码台的操作步骤如下。

❶ 切换到 Parts 选项卡，如图 4-27 所示。勾选 Part1 复选框，即将被搬运工件（Part1）放置在码台（Fixture1）上，单击 Apply 按钮。

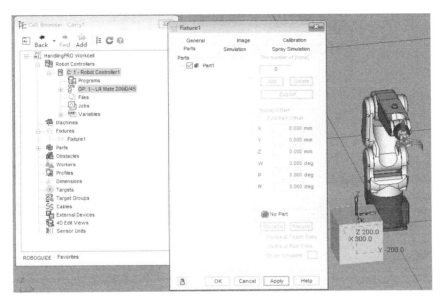

图 4-27

❷ 在放置完毕后，若发现位置有误，则可勾选 Edit Part Offset 复选框，输入被搬运工件的偏移位置，即在 Z 文本框中输入 85（单位：mm）。填写完毕后再次单击 Apply 按钮，如图 4-28 所示。完成效果如图 4-29 所示。

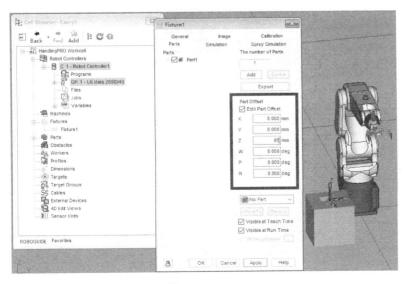

图 4-28

图 4-29

❸ 切换到 Simulation 选项卡，如图 4-30 所示。进行以下操作：选中 Part1 选项；勾选 Allow part to be picked（允许拾取 Fixture 上的工件）复选框；在 Create Delay 文本框中输入 1，即被抓取后再次创建工件的延时为 1s；不勾选 Allow part to be placed（允许将工件放置在 Fixture 上）复选框；Destroy Delay 表示工件自放置开始直至消失的延时，这里不进行设置。

注意：此码台上的工件只能被抓取，所以不勾选 Allow part to be placed 复选框。

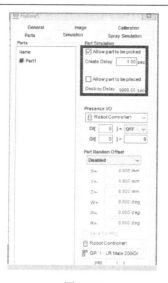

图 4-30

❹ 在 Cell Browser-Carry1 对话框中，右键单击 Fixture1 选项，在弹出的快捷菜单中选择 Copy Fixture1，即复制一个码台（Fixture1），如图 4-31 所示。

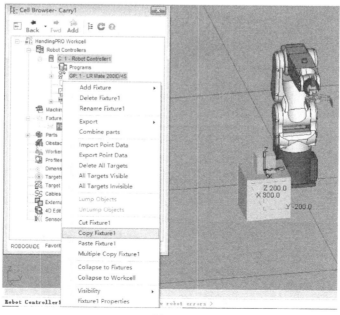

图 4-31

❺ 在 Cell Browser-Carry1 对话框中，右键单击 Fixtures 选项，在弹出的快捷菜单中选择 Paste Fixture1，即粘贴码台，如图 4-32 所示。

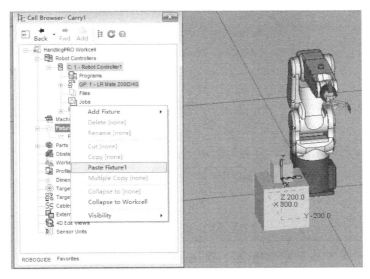

图 4-32

❻ 右键单击新复制的 Fixture11（不一定是这个名字，可根据需求进行设置），在弹出的快捷菜单中选择 Fixture11 Properties，对其进行属性设置，如图 4-33 所示。

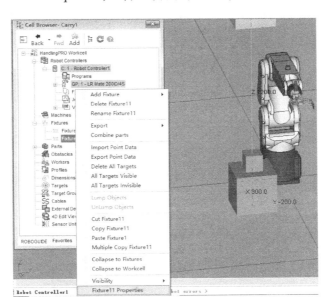

图 4-33

❼ 此时将弹出 Fixture11 对话框，如图 4-34 所示。打开 General 选项卡，更改位置参数：在 X 文本框、Y 文本框、Z 文本框中分别输入 300、200、200（单位：mm）；在 W 文本框、P 文本框、R 文本框中均输入 0（单位：deg）；在 Size in X 文本框、Size in Y 文本框、Size in Z 文本框中均输入 200（单位：mm）。其他选项保持默认值，单击 Apply 按钮。

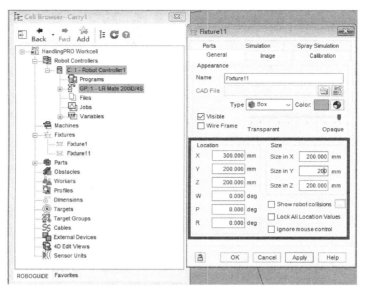

图 4-34

❽ 切换到 Parts 选项卡，如图 4-35 所示。取消勾选 Visible at Run Time（在运行时可见）复选框（由于右侧码台上的工件只用于示教，因此，将其设置为在运行时不可见）。

> **注意：** Visible at Teach Time 复选框表示在示教时可见。

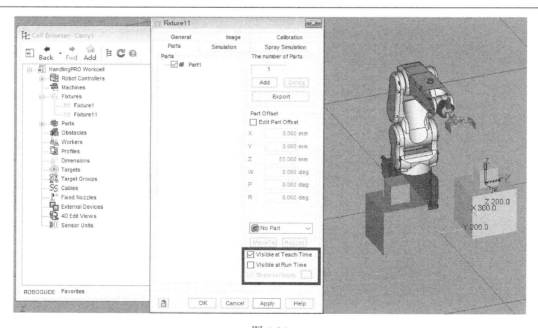

图 4-35

❾ 切换到 Simulation 选项卡，如图 4-36 所示。勾选 Allow part to be placed 复选框，在 Destroy Delay 文本框中输入 9999，单击 Apply 按钮。

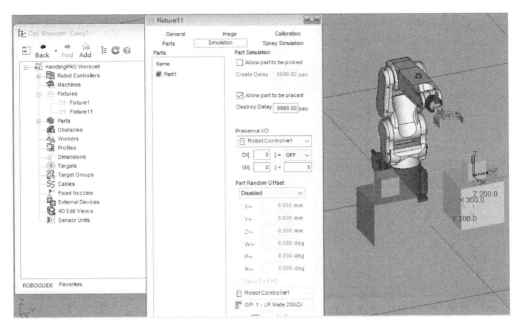

图 4-36

❿ 右键单击 "UT:1（Eoat1）" 选项，在弹出的快捷菜单中选择 Eoat1 Properties，如图 4-37 所示。

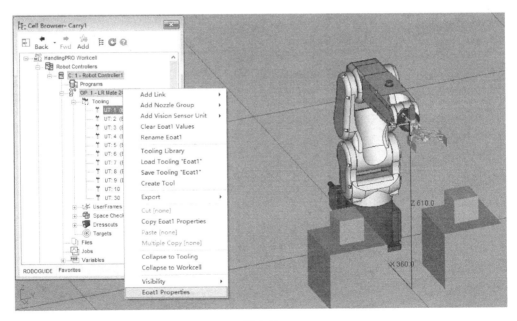

图 4-37

⓫ 此时将弹出如图 4-38 所示的对话框，切换到 UTOOL 选项卡。勾选 Edit UTOOL 复选框，并设置工具坐标系的位置及角度：在 Z 文本框中输入 188（单位：mm）；在 W 文本框中输入 180（单位：deg）。填写完毕后单击 Apply 按钮。

> **注意：** 之所以这样设置工具坐标系，是为了在示教时与工件上的坐标系保持一致，从而快速通过 MoveTo 按钮找到示教位置。

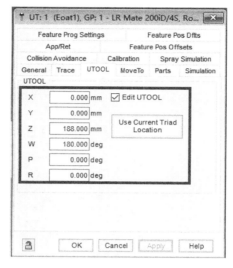

图 4-38

⓬ 切换到 Parts 选项卡，如图 4-39 所示。勾选 Part1 复选框，表示将工件安装到夹具上。勾选 Edit Part Offset 复选框，并输入工件在夹具中的位置：在 Y 文本框中输入 –152.028（单位：mm）；在 W 文本框、P 文本框、R 文本框中分别输入 90、90、–180（单位：deg）。填写完毕后单击 Apply 按钮。

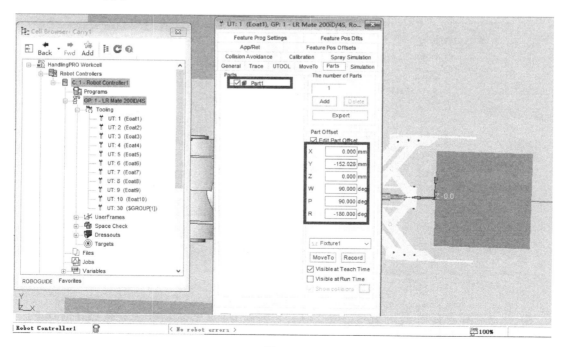

图 4-39

⓭ 切换到 Simulation 选项卡，如图 4-40 所示。单击 Open 按钮进行测试。这时夹具应处于放松状态，并且工件消失，如图 4-41 所示。单击 Close 按钮，这时夹具应处于夹紧状态，并且工件出现，如图 4-42 所示。

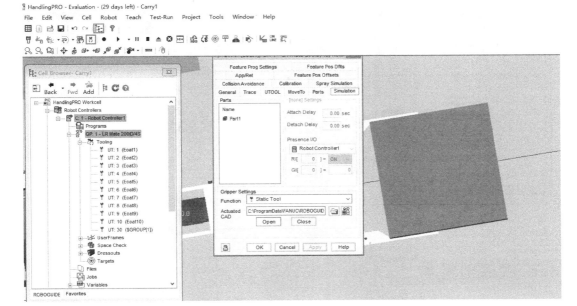

图 4-40

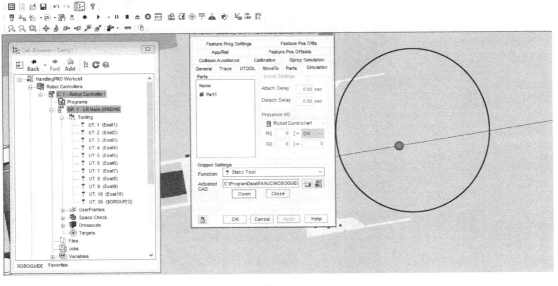

图 4-41

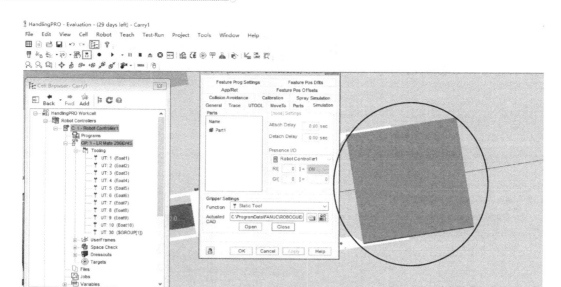

图 4-42

4.5 关联到程序

下面将创建拾取与放置工件的仿真程序，操作步骤如下。

❶ 打开 ROBOGUIDE 软件界面，在 Cell Browser-Carry1 对话框中，右键单击 Programs 选项，在弹出的快捷菜单中选择 Add Simulation Program，即添加仿真程序，如图 4-43 所示。

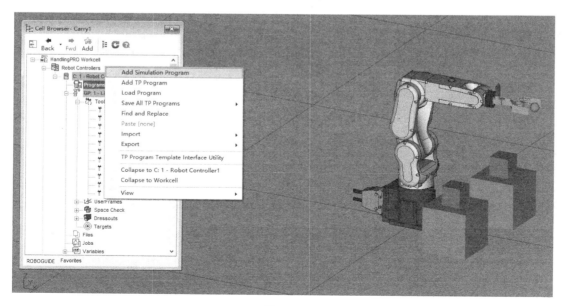

图 4-43

❷ 此时将弹出 Add Program 对话框，如图 4-44 所示。将仿真程序命名为 R_PICK（拾取程序），单击"确定"按钮。

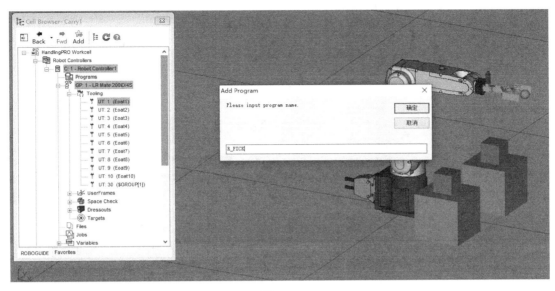

图 4-44

❸ 此时将弹出如图 4-45 所示的对话框。在 Inst 下拉列表中选择添加的指令，在这里选择 Pickup 选项，即添加 Pickup 指令。

注意：若指令添加错误，则在选中指令后，按键盘上的 Delete 键即可将指令删除。

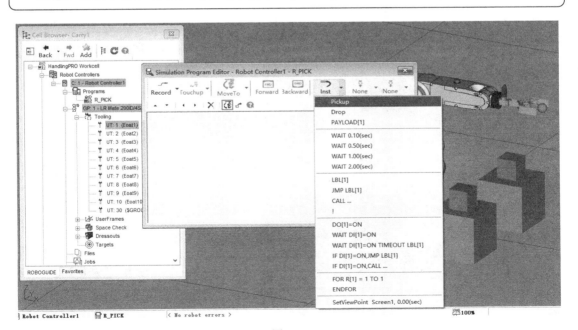

图 4-45

❹ 此时在对话框中将显示关于 Pickup 指令的设置选项，如图 4-46 所示。在 Pickup 下拉列表中选择 Part1；在 From 下拉列表中选择 Fixture1；在 With 下拉列表中选择"GP:1-UT:1（Eoat1）"，表示在执行 Pickup 指令时，将被搬运工件（Part1）从 Fixture1 码台搬运到 "GP:1- UT:1（Eoat1）"。

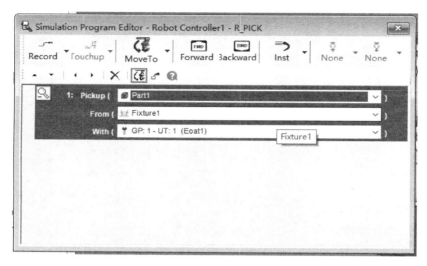

图 4-46

❺ 在 Inst 下拉列表中选择 WAIT 0.50(sec)，即等待 0.5s，如图 4-47 所示。添加后的效果如图 4-48 所示。

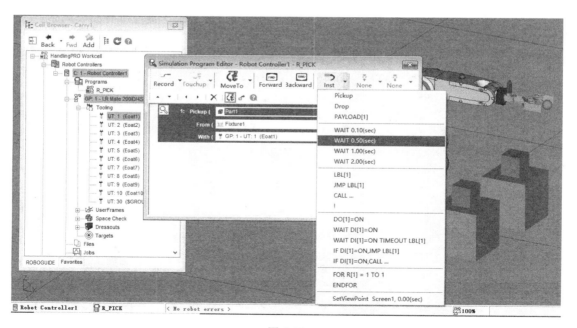

图 4-47

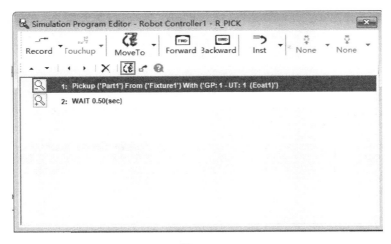

图 4-48

❻ 在 Cell Browser-Carry1 对话框中，右键单击 Programs 选项，在弹出的快捷菜单中选择 Add Simulation Program，即继续添加仿真程序，如图 4-49 所示。

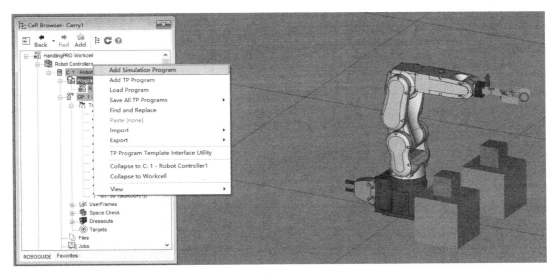

图 4-49

❼ 此时将弹出 Add Program 对话框，如图 4-50 所示。将仿真程序命名为 R_PUT（放置程序），单击"确定"按钮。

图 4-50

❽ 此时将弹出如图 4-51 所示的对话框。在 Inst 下拉列表中选择 Drop 选项，即添加 Drop 指令。

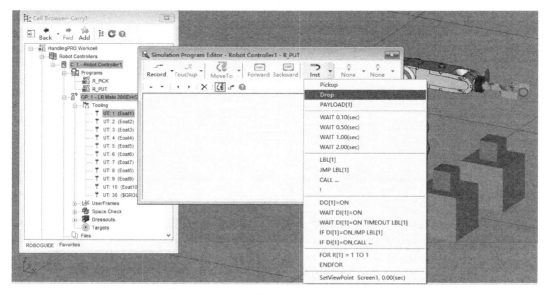

图 4-51

❾ 此时在对话框中将显示关于 Drop 指令的设置选项，如图 4-52 所示。在 Drop 下拉列表中选择 Part1；在 From 下拉列表中选择"GP:1- UT:1（Eoat1）"；在 On 下拉列表中选择 Fixture11，表示在执行 Drop 指令时，将被搬运工件（Part1）从"GP:1- UT:1（Eoat1）" 放置到 Fixture11 码台上。

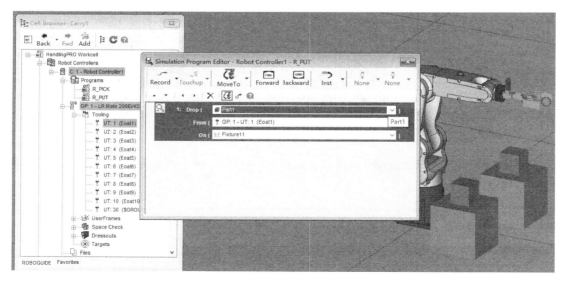

图 4-52

❿ 在 Inst 下拉列表中选择 WAIT 0.50(sec)，即等待 0.5s，如图 4-53 所示。添加后的效果如图 4-54 所示。

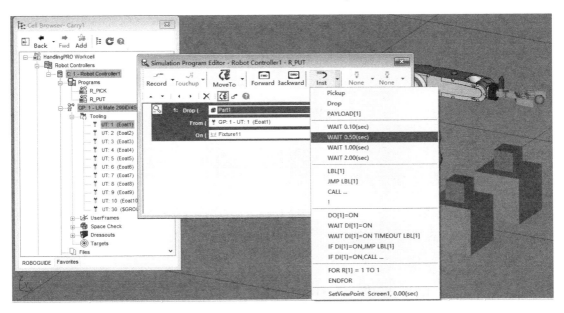

图 4-53

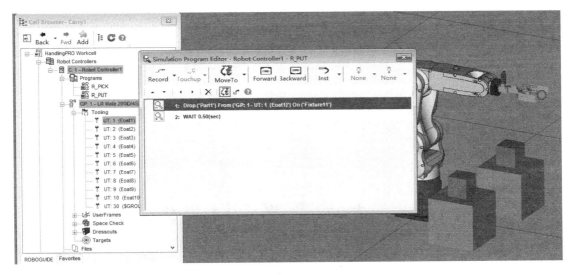

图 4-54

4.6 示教位置

在前期准备工作完成后，为了达到动态效果，还需要在仿真测试前编写一个搬运程序。参考程序如图 4-55 所示。

> **注意**：由于本书的主要内容为对 FANUC 工业机器人进行仿真操作，因此不深入讲解指令编程方面的知识。如果想了解指令编程方面的知识，则请参考另一本书《FANUC 工业机器人实操与应用技巧》。

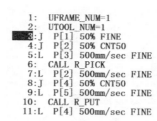

```
1:  UFRAME_NUM=1
2:  UTOOL_NUM=1
3:J  P[1] 50% FINE
4:J  P[2] 50% CNT50
5:L  P[3] 500mm/sec FINE
6:  CALL R_PICK
7:L  P[2] 500mm/sec FINE
8:J  P[4] 50% CNT50
9:L  P[5] 500mm/sec FINE
10:  CALL R_PUT
11:L  P[4] 500mm/sec FINE
```

图 4-55

在程序编写完成后，需要示教位置。

1. P[1]的位置及姿态

P[1]的位置及姿态如图 4-56 所示。

2. P[2]的位置及姿态

在示教 P[2]时，由于 P[2]位于左侧码台的工件上方，为了快速而精确地示教，可通过 MoveTo 按钮快速到达左侧码台的工件位置，操作步骤如下。

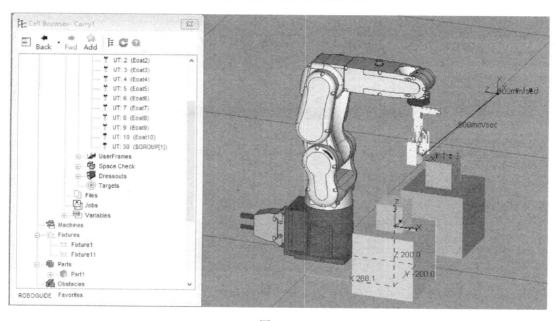

图 4-56

> **注意：** 通过 MoveTo 按钮快速到达左侧码台工件位置的方法与在 UTOOL 选项卡中设置工具坐标系的位置及姿态有关。只有工具坐标系的位置及姿态设置正确，即工具坐标系与 Part1 上的坐标系一致，才能使用这一快捷方法。

❶ 在 Cell Browser-Carry1 对话框中，右键单击 Fixture1 选项，在弹出的快捷菜单中选择 Fixture1 Properties，如图 4-57 所示。

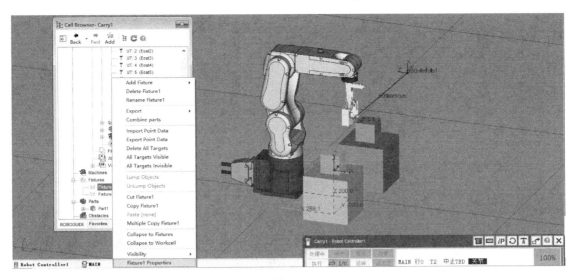

图 4-57

❷ 此时将弹出 Fixture1 对话框，如图 4-58 所示。单击 MoveTo 按钮，可快速到达左侧码台的工件位置。

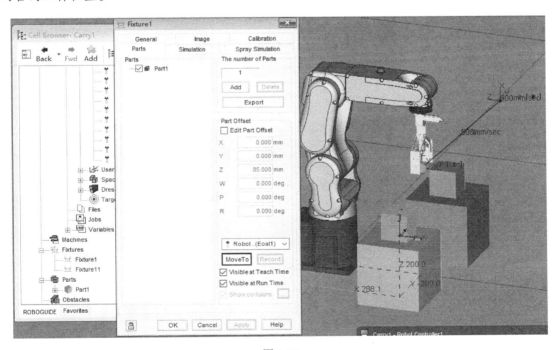

图 4-58

❸ 由于 P[2]位于左侧码台的工件上方，还需要向上移动位置，因此会出现很难选择工具坐标系、很难按照自己的想法移动工业机器人的情况。这里提供一个解决办法：单击工具栏中的按钮，在显示的工具坐标系中拖动 Z 轴至所需高度即可，如图 4-59 所示。P[2]的位置及姿态如图 4-60 所示。

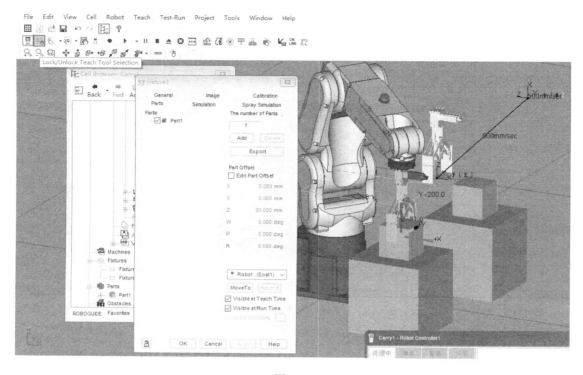

图 4-59

3. P[3]的位置及姿态

P[3]的位置及姿态如图 4-61 所示。

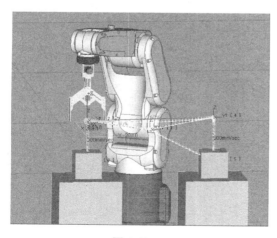

图 4-60

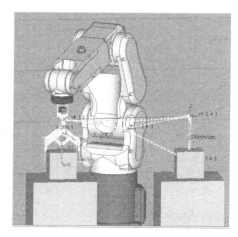

图 4-61

4. P[4]的位置及姿态

P[4]的位置及姿态如图 4-62 所示。

5. P[5]的位置及姿态

P[5]的位置及姿态如图 4-63 所示。

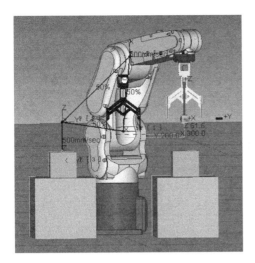
图 4-62

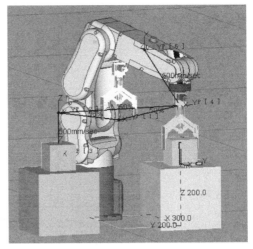
图 4-63

4.7 仿真测试

在示教位置完成后，即可进行仿真测试，操作步骤如下。

❶ 为了使仿真更流畅，可单击工具栏中的📠（Run Panel）按钮，如图 4-64 所示。

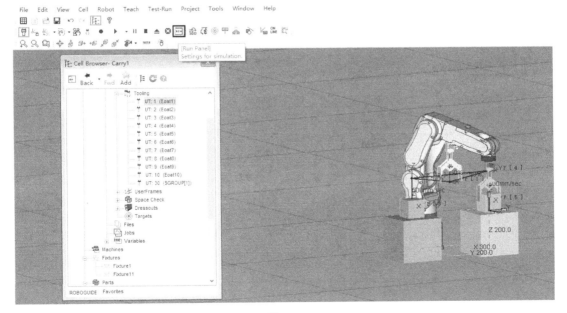
图 4-64

❷ 此时将弹出 Run Panel 对话框，如图 4-65 所示。将 Run-Time Refresh Rate（运行时刷新比率）选项下的滑块拖至最大值，即可使仿真更流畅。调整完毕后单击▶️按钮开始仿真测试。

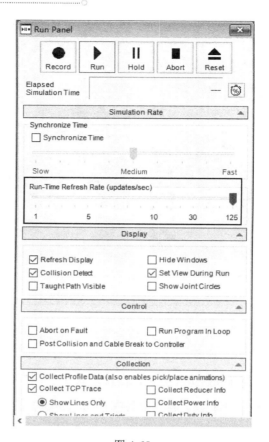

图 4-65

知识点练习

❶ 独立制作一个基本搬运工作单元。

❷ 对搬运工作单元进行仿真测试。

创建变位机

5.1　添加焊接模块

添加焊接模块的操作步骤如下。

❶ 打开 ROBOGUIDE 软件界面，选择"File→New"，弹出如图 5-1 所示的对话框。单击 New Cell 按钮。

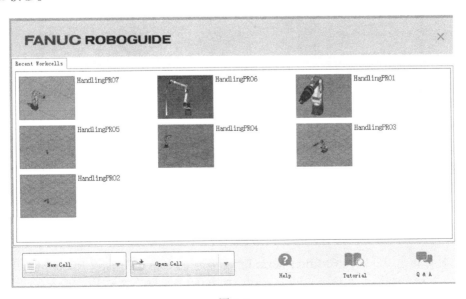

图 5-1

❷ 此时将弹出 Workcell Creation Wizard 对话框，如图 5-2 所示。选择 WeldPRO 选项（焊接模块），单击 Next 按钮。

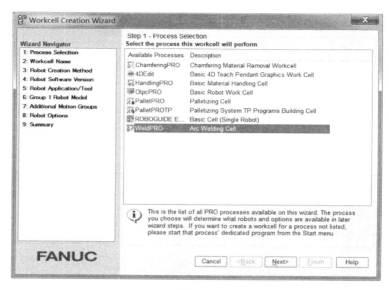

图 5-2

❸ 单击 Next 按钮，直至弹出 Workcell Creation Wizard 对话框中的 Step 5-Robot Application/Tool，选择 ArcTool（H541）选项（焊接工具），单击 Next 按钮，如图 5-3 所示。

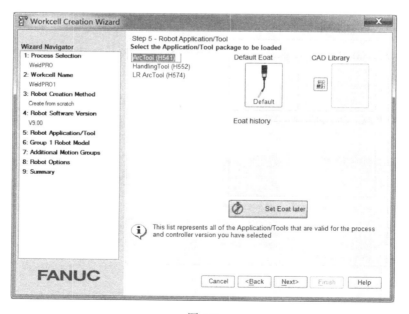

图 5-3

❹ 此时将弹出 Workcell Creation Wizard 对话框中的 Step 6-Group 1 Robot Model，如图 5-4 所示。在列表框中选择工业机器人型号，即 "R-2000iC/165F" 选项，单击 Next 按钮。

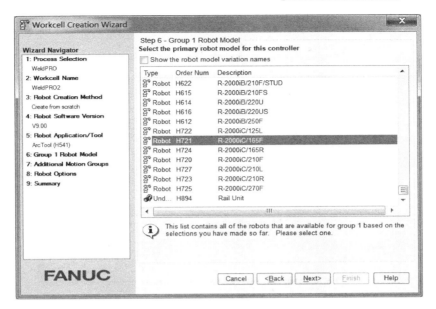

图 5-4

❺ 此时将弹出 Workcell Creation Wizard 对话框中的 Step 7-Additional Motion Groups，如图 5-5 所示。选择未定义的变位机，即选项前有电机图标，一般选择 H896，单击 Next 按钮。

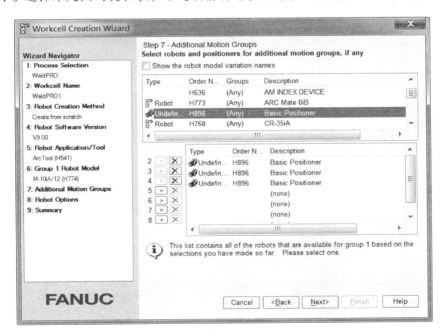

图 5-5

❻ 此时将弹出 Workcell Creation Wizard 对话框中的 Step 8-Robot Options，如图 5-6 所示。切换到 Languages 选项卡，选中 English Dictionary 和 Multi Language（CHIN）复选框，用于在 FANUC 示教器仿真时进行中英文切换，单击 Next 按钮。

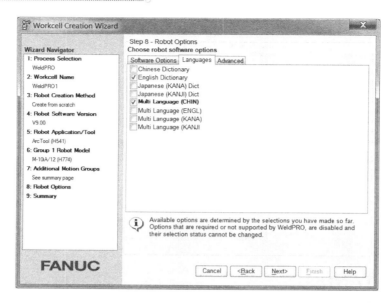

图 5-6

❼ 此时将弹出 Workcell Creation Wizard 对话框中的 Step 9-Summary，如图 5-7 所示。在 Robot Models 下可以看到之前添加的 "R-2000iC/165F" 工业机器人及 H896 变位机。检查无误后单击 Finish 按钮完成焊接模块的创建。

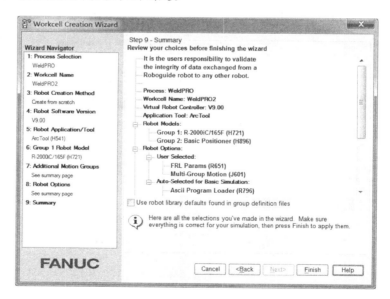

图 5-7

5.2 添加附加轴参数

如果在创建焊接模块的过程中添加了附加轴，则在工作单元创建完成之前系统将依次弹出如下对话框（如果没有添加附加轴，则不会弹出如下对话框）。

- 弹出选择工业机器人法兰盘类型的对话框，如图 5-8 所示。一般情况下选择通用法兰盘即可，输入 1 后按 Enter 键。
- 弹出 FSSB 路径设置对话框，如图 5-9 所示。由于 Group 2 使用的是 FSSB 的第一条路径，因此在这里输入默认值 1，按 Enter 键。

图 5-8   图 5-9

- 弹出开始轴设置对话框，如图 5-10 所示。由于 Group 1 为 6 轴工业机器人，所以 Group 2 的附加轴从第 7 轴开始。输入 7 后按 Enter 键。
- 弹出运动类型设置对话框，如图 5-11 所示。如果清楚定位器在各轴间的偏置量，则选择"1:Known Kinematics"（运动类型已知），否则选择"2:Unknown Kinematics"（运动类型未知）。一般情况下，输入 2 后按 Enter 键。

图 5-10   图 5-11

- 弹出附加轴安装对话框，如图 5-12 所示。如果要显示或修改附加轴，则输入 1；如果要增加附加轴，则输入 2；如果要删除附加轴，则输入 3；如果要退出设置，则输入 4。在这里输入 2，即增加附加轴，按 Enter 键。
- 弹出电机选择对话框，如图 5-13 所示。如果知道电机的型号，则输入 1，即选择 Standard Method（标准方法），否则输入 2，即选择 Enhanced Method（快速创建方法）。在这里输入 1，按 Enter 键。

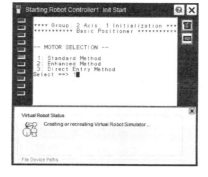

图 5-12   图 5-13

- 弹出发动机设置对话框，如图 5-14 所示。如果没有匹配的发动机型号，则输入 0 进入下一页继续选择。这里以发动机型号 aiF22 为例，输入 0 后按 Enter 键，进入下一页，如图 5-15 所示。输入 105（即选择 aiF22），按 Enter 键。

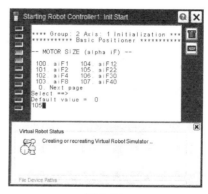

图 5-14   图 5-15

- 弹出发动机转速选择对话框，如图 5-16 所示。输入 2，即选择转速为 3000 次/s，按 Enter 键。
- 弹出放大器电流选择对话框，如图 5-17 所示。输入 7，即选择放大器电流为 80A，按 Enter 键。

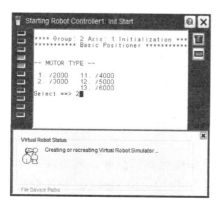

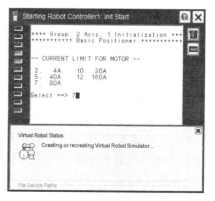

图 5-16   图 5-17

● 弹出放大器编号设置对话框，如图 5-18 所示。输入 2，按 Enter 键。
● 弹出放大器类型设置对话框，如图 5-19 所示。如果输入 1，则表示将放大器类型设置为工业机器人 6 轴放大器；如果输入 2，则表示将放大器类型设置为外部轴放大器。在这里输入 2，按 Enter 键。

图 5-18

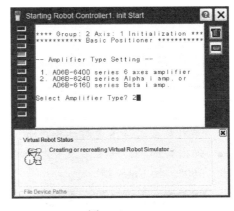

图 5-19

● 弹出附加轴运动类型设置对话框，如图 5-20 所示。如果输入 1，则表示将附加轴运动类型设置为直线运动；如果输入 2，则表示将附加轴运动类型设置为旋转运动。在这里输入 2，按 Enter 键。
● 弹出附加轴运动方向设置对话框，即附加轴的运动方向围绕哪一根轴旋转，如图 5-21 所示。在这里输入 3，即围绕 Y 轴正方向旋转，按 Enter 键。
● 弹出附加轴的减速比设置对话框，如图 5-22 所示。在这里输入 141，即将减速比设置为 141，按 Enter 键。

图 5-20

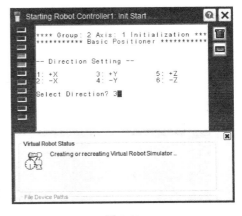

图 5-21

● 弹出附加轴的最大速度设置对话框，如图 5-23 所示。一般情况下，可不改变附加轴的最大速度，即输入 2（No Change），按 Enter 键。

图 5-22

图 5-23

- 弹出是否选择限速对话框，如图 5-24 所示。在这里输入 1，按 Enter 键。
- 弹出附加轴旋转上限设置对话框，如图 5-25 所示。在这里输入 360，即将上限设为 360°，按 Enter 键。

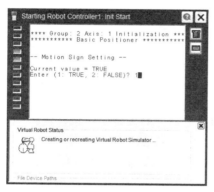

图 5-24

图 5-25

- 弹出附加轴旋转下限设置对话框，如图 5-26 所示。在这里输入 -360，即将下限设为 -360°，按 Enter 键。
- 弹出零度标定设置对话框，如图 5-27 所示。由于一般情况下均以 0°作为外部轴的零点，因此在这里输入 0，按 Enter 键。

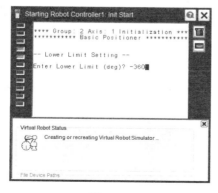

图 5-26

图 5-27

- 弹出 Accel Time 1 的设置对话框, 如图 5-28 所示。如果要改变 Acc Time 1 的时间, 则输入 1; 否则输入 2。为了使电机能够平稳加速或减速, 建议增加 Accel Time 1 的时间。在这里输入 1, 按 Enter 键。继续输入 800, 表示将 Acc Time 1 的时间设为 800ms, 按 Enter 键, 如图 5-29 所示。

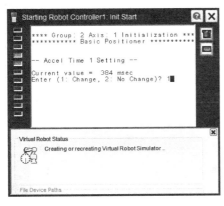

图 5-28   图 5-29

- 弹出 Accel Time 2 的设置对话框, 如图 5-30 所示。如果要改变 Acc Time 2 的时间, 则输入 1; 否则输入 2。为了使电机能够平稳加速或减速, 建议增加 Accel Time 2 的时间。在这里输入 1, 按 Enter 键。继续输入 400, 表示将 Acc Time 2 的时间设为 400ms, 按 Enter 键, 如图 5-31 所示。

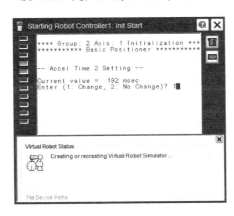
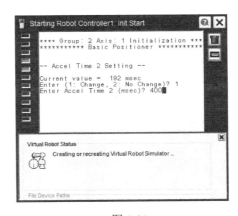

图 5-30   图 5-31

- 弹出指数滤波器设置对话框, 如图 5-32 所示。一般情况下, 输入 2 (FALSE), 按 Enter 键。
- 弹出最小加速时间设置对话框, 如图 5-33 所示。一般情况下, 输入 2 (No Change), 按 Enter 键。
- 弹出发动机负载率设置对话框, 如图 5-34 所示。负载率的范围为 1~5, 一般情况下将其设为 3, 即输入 3, 按 Enter 键。
- 弹出发动机抱闸号设置对话框, 如图 5-35 所示。由于在硬件连接图中, 该抱闸号为 3, 因此这里输入 3, 按 Enter 键。

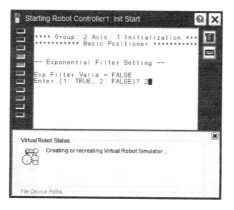

图 5-32

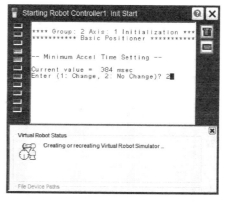

图 5-33

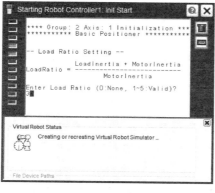

图 5-34

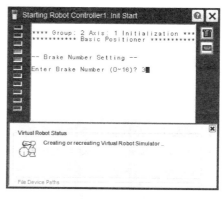

图 5-35

- 弹出发动机自动关闭设置对话框，如图 5-36 所示。一般情况下，输入 1（TRUE），按 Enter 键。继续进行发动机自动关闭时间的设置，在这里将其设置为 10s，即输入 10，按 Enter 键，如图 5-37 所示。

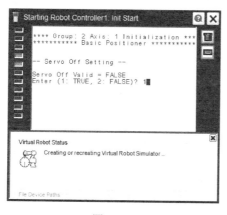

图 5-36

图 5-37

- 弹出如图 5-38 所示的对话框。如果输入 1，则表示显示或修改附加轴的参数；如果输入 2，则表示增加附加轴；如果输入 3，则表示删除附加轴；如果输入 4，则表示退出当前设置。在这里输入 4（EXIT），按 Enter 键完成附加轴参数的设置。

重新启动软件，此时即可在如图 5-39 所示的界面中，找到"C:1-Robot Controller1→GP: 2-Basic Positioner→Joint 1"，说明附加轴添加成功。

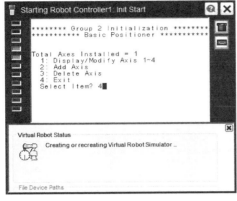

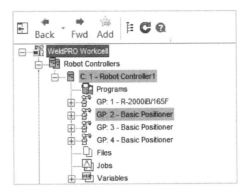

图 5-38　　　　　　　　　　　　　　　　　　　　图 5-39

5.3　添加焊枪

添加焊枪的操作步骤如下。

❶ 打开 ROBOGUIDE 软件界面，在 Cell Browser-Carry1 对话框中，右键单击"UT:1（Eoat1）"选项，在弹出的快捷菜单中选择 Eoat1 Properties（机械手末端工具），如图 5-40 所示。

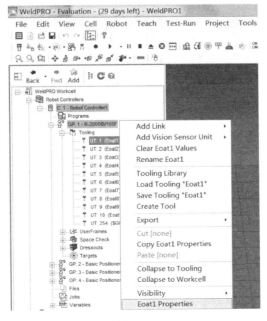

图 5-40

❷ 此时将打开如图 5-41 所示的对话框。在 General 选项卡中单击 ▦ 按钮，弹出 Image Librarian 对话框，准备导入模型库里的焊枪模型，如图 5-42 所示。在该软件中已有一些常用的模型库，如果没有找到所需的焊枪模型，则可自行利用 3D 软件制作模型，并将模型文件保存为 IGS 格式。

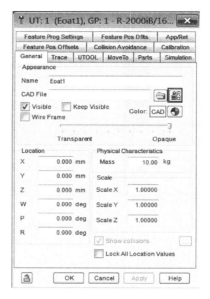

图 5-41

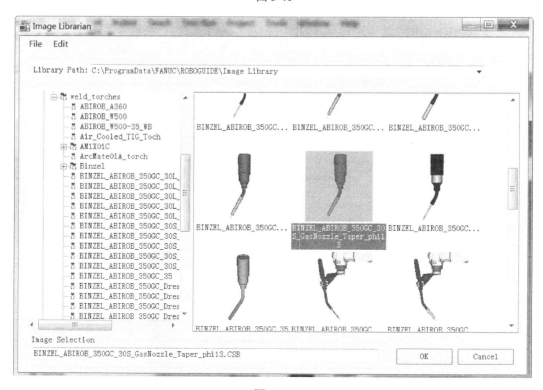

图 5-42

注意：常用模型所在位置为 "C:\ProgramData\FANUC\ROBOGUIDE\ImageLibrary"。

❸ 选择合适的焊枪模型后，返回如图 5-43 所示的对话框。在 Location 选项组中填写数据，使得焊枪模型能够正确安装到工业机器人的第 6 轴。选中 Lock All LocationValues 复选框，防止因误操作改变了数值。

❹ 切换到 Simulation 选项卡，如图 5-44 所示。单击 Actuated CAD 文本框后的■按钮，找到 C:\ProgramFiles\FANUC\PRO\SimPRO\ImageLibrary\EOATs\weld_torches\BINZEL_ABI-ROB_350GC_30S_GasNozzle_Taper_phi13，单击 Apply 按钮。

❺ 单击 Open 按钮和 Close 按钮进行测试。测试完成后单击 OK 按钮。

图 5-43　　　　　　　　　　　　　　　　　图 5-44

❻ 设置 UTOOL 工具坐标系，创建完成的焊枪如图 5-45 所示。

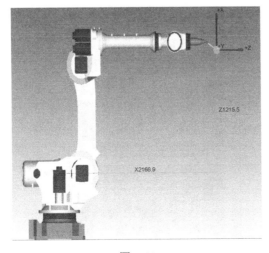

图 5-45

5.4 添加变位机

5.4.1 选择变位机型号

常用的几款变位机如表 5-1 所示。

表 5-1

序号	名称	预览图	备注
1	1AxisArcPositioner		单轴变位机的主动端
2	1AxisArcPositionger1000Kg		单轴变位机的主动端
3	1AxisArcPositiongerSub		单轴变位机的从动端
4	1AxisPositiongerL		单轴变位机的主动端
5	1AxisPositiongerS		带从动端的单轴变位机

（续表）

序号	名称	预览图	备注
6	1AxisTurnTableL		转台
7	1AxisTurnTableS		转台
8	2AxesArcPositioner		两轴变位机
9	3AxesPositioner		三轴变位机
10	2AxesPositionerA		两轴变位机
11	System40		转台变位机（带工作间围栏）

（续表）

序号	名称	预览图	备注
12	Versa 2G（110Gear Box）		双工位单轴变位机（带工作间围栏和焊机等外围设备）
13	VERSA 4M-42（110Gear box）		三轴变位机（带工作间围栏和焊机等外围设备）
14	VersaRc3-L60（110GearBox）		三轴变位机（带工作间围栏和焊机等外围设备）
15	VERSA RCT		转台变位机（带工作间围栏和焊机等外围设备）

5.4.2 添加一个变位机

在了解了变位机的型号后，下面开始添加变位机，操作步骤如下。

❶ 打开 ROBOGUIDE 软件界面，在 Cell Browser-Carry1 对话框中，右键单击 Machines，在弹出的快捷菜单中选择"Add Machine →CAD Library"，如图 5-46 所示。

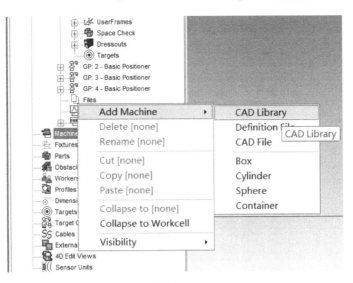

图 5-46

❷ 此时将弹出 Image Librarian 对话框，如图 5-47 所示。选择文件路径：C:\ProgramData\FANUC\ROBOGUIDE\Image Library\3AXES_POSITIONER，即导入单轴变位机的主动轴基座，单击 OK 按钮。

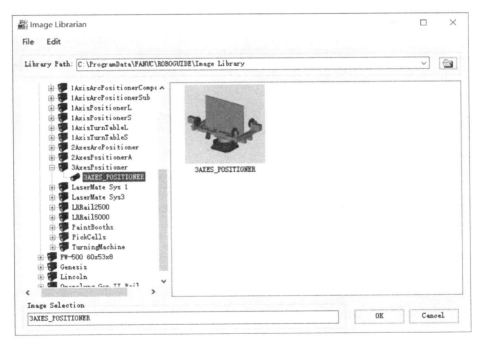

图 5-47

❸ 此时将弹出 3AXES_POSITIONER 对话框。在变位机添加完成后，变位机的位置出现在工业机器人的顶部，如图 5-48 所示，需要将其移动到工业机器人的前面。

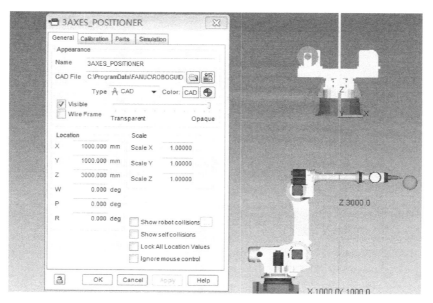

图 5-48

❹ 在 3AXES_POSITIONER 对话框中的 X 文本框中输入 2677（单位：mm），在 Y 文本框中输入 17.999（单位：mm），在 Z 文本框中输入 0，即将变位机的 Z 方向设置为 0，从而将其移动到工业机器人的前面，如图 5-49 所示。

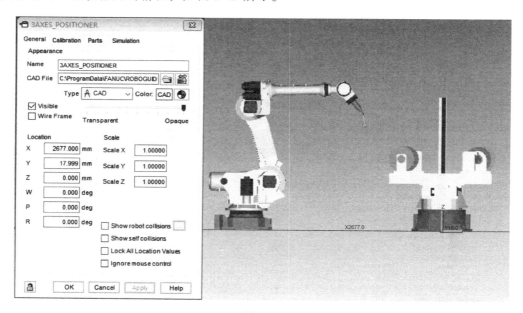

图 5-49

5.4.3　设置变位机参数

设置变位机参数的操作步骤如下。

❶ 设置变位机底座参数：打开 ROBOGUIDE 软件界面，双击 Cell Browser-Carry1 对话

框中 Machines 下的"G:2,J:1-3AXES_POSITIONER_J1"选项，打开其属性对话框。在 Motion Control Type 下拉列表中选择 Servo Motor Controlled；在 Group 下拉列表中选择 GP:2-Basic Positioner；在 Joint 下拉列表中选择 Joint 1；在 Move Factor 文本框中输入 1。设置完成后依次单击 Apply 按钮和 OK 按钮，如图 5-50 所示。

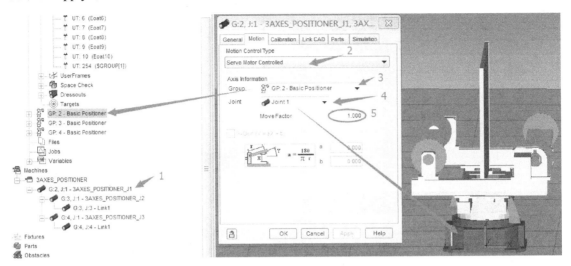

图 5-50

❷ 设置程序（PNS004）的组掩码：在 FANUC 示教器的操作面板中，单击 SELECT 按钮，显示如图 5-51 所示的界面；选中 PNS004，单击"详细"按钮，弹出如图 5-52 所示的界面；把程序 PNS004 组掩码中的第 2 位改成 1（表示有效），其他位改成"*"（表示无效）。

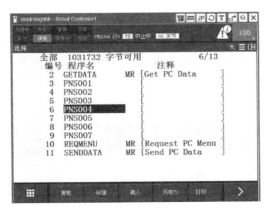

图 5-51

图 5-52

❸ 创建变位机程序（PNS004），如图 5-53 所示：在 FANUC 示教器上单击鼠标右键，在弹出的快捷菜单中选择"Current Position→GP:2-Basic Positioner"；在 Group 下拉列表中选择"GP:2-Basic Positioner"；在 J1 文本框中输入 180（单位：deg）；查看 FANUC 示教器的右上方是否显示"G2 关节"，如果显示，则创建一个变位机程序"J @P[1] 100% FINE"。

❹ 查看变位机的 J1 轴数据，如图 5-54 所示：打开 FANUC 示教器的操作面板，确认 FANUC 示教器的开关处于 ON 的位置；单击 GROUP 按钮和 POSN 按钮；FANUC 示教器的

右上角显示 G2 关节，说明 Group 已从 G1 改为 G2；单击 [J1 X] 和 [+X J1] 按钮移动变位机；开始显示变位机 J1 轴的数据（设置 1 圈为 180，单位：deg）。

图 5-53

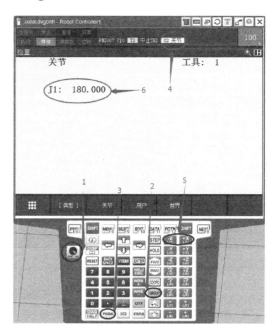

图 5-54

❺ 设置程序（PNS007）的组掩码：在 FANUC 示教器的操作面板中，单击 SELECT 按钮，显示如图 5-55 所示的界面；选中 PNS007，单击"详细"按钮，弹出如图 5-56 所示的界面；把 PNS007 程序组掩码的第 2 位改成 1（表示有效），其他改成"*"（表示无效）。

❻ 创建变位机程序（PNS007），如图 5-57 所示：在 FANUC 示教器上单击鼠标右键，在弹出的快捷菜单中选择"Current Position→GP:2-Basic Positioner"；在 Group 下拉列表中选择"GP:2-Basic Positioner"；在 J1 文本框中输入 0（单位：deg）；查看 FANUC 示教器的右上方是否显示"G2 关节"，如果显示，则创建一个变位机程序"J @P[1] 100% FINE"。

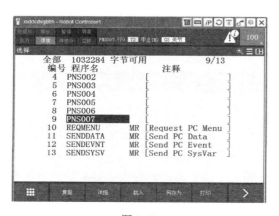

图 5-55   图 5-56

❼ 结束显示变位机的 J1 轴数据，如图 5-58 所示：打开 FANUC 示教器的操作面板，确

认 FANUC 示教器的开关处于 ON 的位置；单击 POSN 按钮和 GROUP 按钮；FANUC 示教器的右上角显示 G2 关节，说明 Group 已从 G1 改为 G2；单击 ![J1-X] 和 ![J1+X] 按钮移动变位机；结束显示变位机 J1 轴的数据（设置 1 圈为 0，单位：deg）。

图 5-57

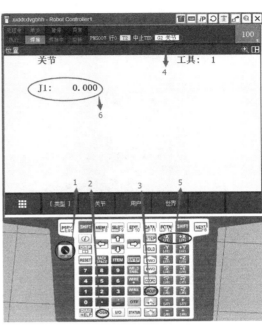

图 5-58

❽ 添加三轴变位机，如图 5-59 所示：打开 ROBOGUIDE 软件界面，在 Cell Browser-Carry1 对话框中，右键单击 Machines 下的 3AXES_POSITIONER_J2，在弹出的快捷菜单中选择"Add Link→Box"。添加三轴变位机后的效果如图 5-60 所示。

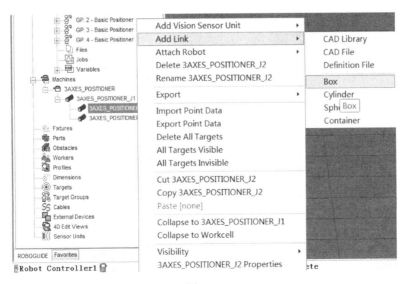

图 5-59

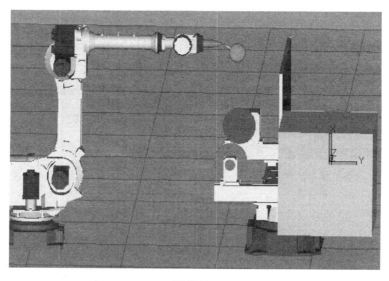

图 5-60

❾ 双击 Cell Browser-Carry1 对话框中 Machines 下的 3AXES_POSITIONER_J2 选项，打开其属性对话框，如图 5-61 所示。在 Size in X 文本框中输入 50（单位：mm），在 Size in Y 文本框中输入 250（单位：mm），在 Size in Z 文本框中输入 1630（单位：mm）。输入完成后，勾选 Lock All Location Values 复选框，单击 OK 按钮。

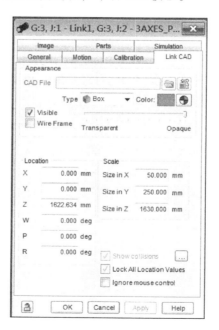

图 5-61

❿ 双击 Cell Browser-Carry1 对话框中 Machines 下的"G:3,J:1-3AXES_POSITIONER_J2"选项，打开其属性对话框。切换到 Motion 选项卡，在 Motion Control Type 下拉列表中选择 Servo Motor Controlled；在 Group 下拉列表中选择 GP:3-Basic Positioner；在 Joint 下拉列表

中选择 Joint 1；在 Move Factor 文本框中输入 1。设置完成后依次单击 Apply 按钮和 OK 按钮，如图 5-62 所示。

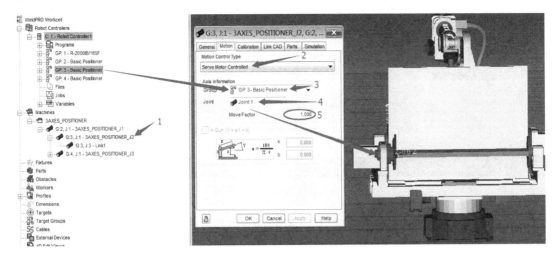

图 5-62

⓫ 双击 Cell Browser-Carry1 对话框中 Machines 下的"G3,J3-Link1"选项，打开其属性对话框。切换到 Motion 选项卡，在 Motion Control Type 下拉列表中选择 Servo Motor Controlled；在 Group 下拉列表中选择 GP:3-Basic Positioner；在 Joint 下拉列表中选择 Joint 3；在 Move Factor 文本框中输入 1。设置完成后依次单击 Apply 按钮和 OK 按钮，如图 5-63 所示。

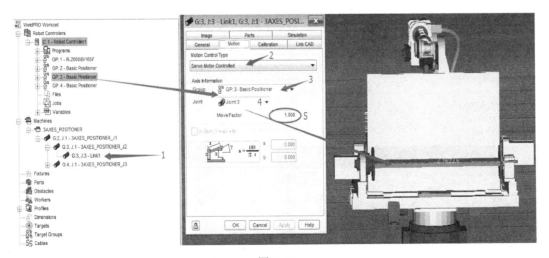

图 5-63

⓬ 设置程序（PNS005）的组掩码：在 FANUC 示教器的操作面板中，单击 SELECT 按钮，显示如图 5-64 所示的界面；选中 PNS005，单击"详细"按钮，弹出如图 5-65 所示的界面；把程序 PNS005 组掩码中的第 3 位改成 1（表示有效），其他位改成"*"（表示无效）。

⓭ 创建变位机程序（PNS005），如图 5-66 所示：在 FANUC 示教器上单击鼠标右键，在弹出的快捷菜单中选择"Current Position→GP:3-Basic Positioner"；在 Group 下拉列表中选择"GP:3-Basic Positioner"；在 J1 文本框中输入 180（单位：deg）；查看 FANUC 示教器的

右上方是否显示"G3 关节",如果显示,则创建一个变位机程序"J @P[1] 100% FINE"。

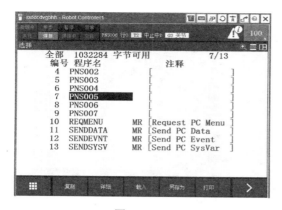

图 5-64

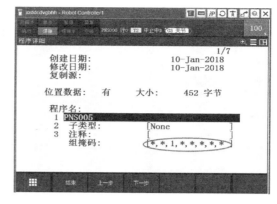

图 5-65

❹ 开始显示变位机的 J1 轴数据,如图 5-67 所示:打开 FANUC 示教器的操作面板,确认 FANUC 示教器的开关处于 ON 的位置;单击 GROUP 按钮和 POSN 按钮;FANUC 示教器的右上角显示"G3 关节",说明 Group 已从 G1 改为 G3;单击 和 按钮移动变位机;开始显示变位机 J1 轴的数据(设置 1 圈为 180,单位:deg)。

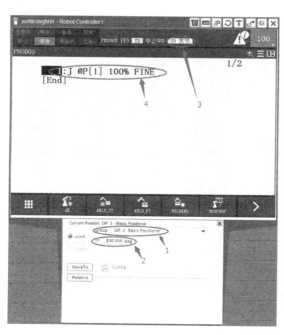

图 5-66

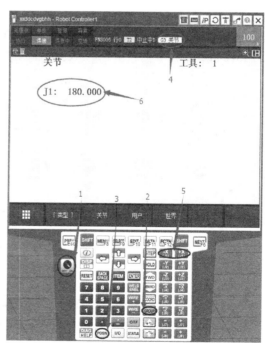

图 5-67

❺ 设置程序(PNS006)的组掩码:在 FANUC 示教器的操作面板中,单击 SELECT 按钮,显示如图 5-68 所示的界面;选中 PNS006,单击"详细"按钮,弹出如图 5-69 所示的界面;把程序 PNS006 组掩码中的第 3 位改成 1(表示有效),其他位改成"*"(表示无效)。

❻ 创建变位机程序(PNS006),如图 5-70 所示:在 FANUC 示教器上单击鼠标右键,

在弹出的快捷菜单中选择"Current Position→GP:3-Basic Positioner";在 Group 下拉列表中选择"GP:3-Basic Positioner";在 J1 文本框中输入 0(单位:deg);查看 FANUC 示教器的右上方是否显示"G3 关节",如果显示,则创建一个变位机程序"J @P[1] 100% FINE"。

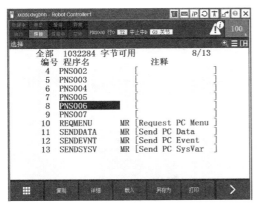

图 5-68

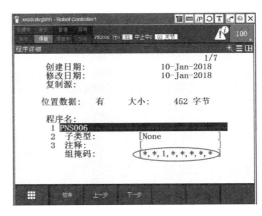

图 5-69

⓱ 开始显示变位机的 J1 轴数据,如图 5-71 所示:打开 FANUC 示教器的操作面板,确认 FANUC 示教器的开关处于 ON 的位置;单击 GROUP 按钮和 POSN 按钮;FANUC 示教器的右上角显示"G3 关节",说明 Group 已从 G1 改为 G3;单击 ⊞ 和 ⊞ 按钮移动变位机;开始显示变位机 J1 轴的数据(设置 1 圈为 0,单位:deg)。

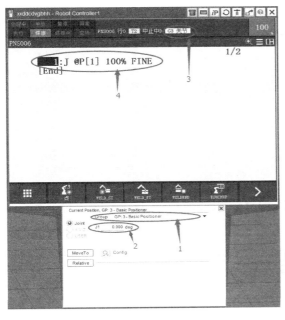

图 5-70

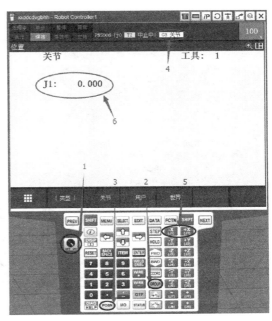

图 5-71

⓲ 添加三轴变位机,如图 5-72 所示:打开 ROBOGUIDE 软件界面,在 Cell Browser-Carry1 对话框中,右键单击 Machines 下的 3AXES_POSITIONER_J3,在弹出的快捷菜单中选择"Add Link→Box"。添加三轴变位机后效果如图 5-73 所示。

⓲ 双击 Cell Browser-Carry1 对话框中 Machines 下的 3AXES_POSITIONER_J3 选项，打开其属性对话框，如图 5-74 所示。在 Size in X 文本框中输入 50（单位：mm），在 Size in Y 文本框中输入 250（单位：mm），在 Size in Z 文本框中输入 1630（单位：mm）。输入完成后，依次单击 Apply 按钮和 OK 按钮。

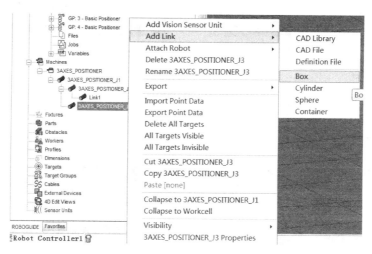

图 5-72

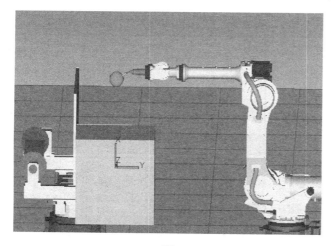

图 5-73   图 5-74

⓳ 双击 Cell Browser-Carry1 对话框中 Machines 下的 "G4,J3-3AXES_POSITIONER_J3" 选项，打开其属性对话框。切换到 Motion 选项卡，在 Motion Control Type 下拉列表中选择 Servo Motor Controlled；在 Group 下拉列表中选择 GP:4-Basic Positioner；在 Joint 下拉列表中选择 Joint 3；在 Move Factor 文本框中输入 1。设置完成后依次单击 Apply 按钮和 OK 按

钮，如图 5-75 所示。

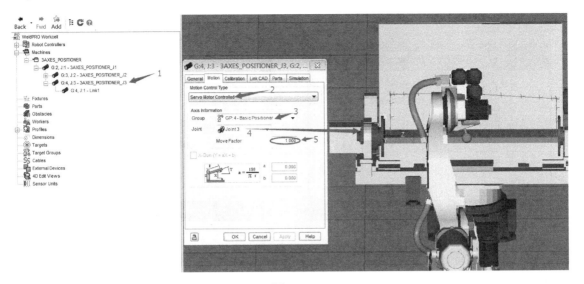

图 5-75

❷ 双击 Cell Browser-Carry1 对话框中 Machines 下的"G4,J1-Link1"选项，打开其属性对话框。切换到 Motion 选项卡，在 Motion Control Type 下拉列表中选择 Servo Motor Controlled；在 Group 下拉列表中选择 GP:4-Basic Positioner；在 Joint 下拉列表中选择 Joint 1；在 Move Factor 文本框中输入 1。设置完成后依次单击 Apply 按钮和 OK 按钮，如图 5-76 所示。

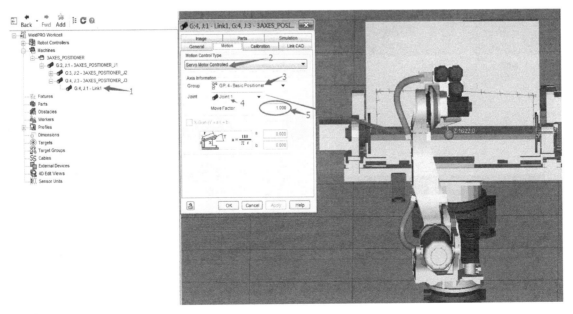

图 5-76

❷ 设置程序（PNS002）的组掩码：在 FANUC 示教器的操作面板中，单击 SELECT 按钮，

显示如图 5-77 所示的界面；选中 PNS002，单击"详细"按钮，弹出如图 5-78 所示的界面；把程序 PNS002 组掩码中的第 4 位改成 1（表示有效），其他位改成"*"（表示无效）。

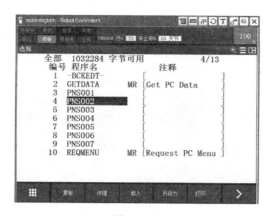

图 5-77

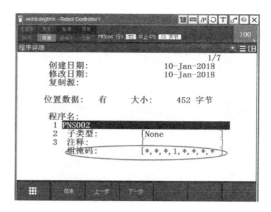

图 5-78

❷❸ 创建变位机程序（PNS002），如图 5-79 所示：在 FANUC 示教器上单击鼠标右键，在弹出的快捷菜单中选择"Current Position→GP:4-Basic Positioner"；在 Group 下拉列表中选择"GP:4-Basic Positioner"；在 J1 文本框中输入 180（单位：deg）；查看 FANUC 示教器的右上方是否显示"G4 关节"，如果显示，则创建一个变位机程序"J @P[1] 100% FINE"。

❷❹ 开始显示变位机的 J1 轴数据，如图 5-80 所示：打开 FANUC 示教器的操作面板，确认 FANUC 示教器的开关处于 ON 的位置；单击 GROUP 按钮和 POSN 按钮；FANUC 示教器的右上角显示"G4 关节"，说明 Group 已从 G1 改为 G4；单击 ![按钮] 和 ![按钮] 按钮移动变位机；开始显示变位机 J1 轴的数据（设置 1 圈为 180，单位：deg）。

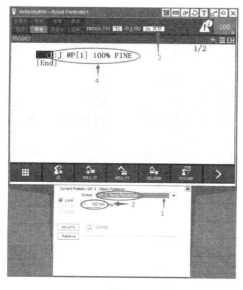

图 5-79

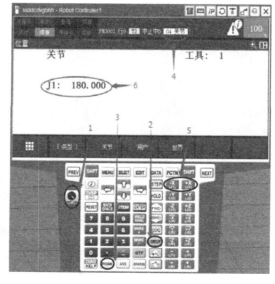

图 5-80

❷❺ 设置程序（PNS003）的组掩码：在 FANUC 示教器的操作面板中，单击 SELECT 按钮，显示如图 5-81 所示的界面；选中 PNS003，单击"详细"按钮，弹出如图 5-82 所示的界面；

把程序 PNS003 组掩码中的第 4 位改成 1（表示有效），其他位改成"*"（表示无效）。

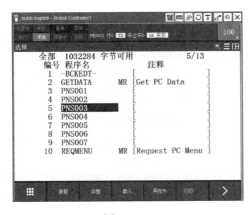

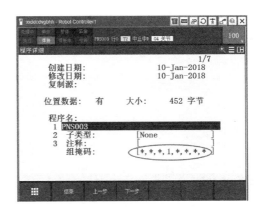

图 5-81　　　　　　　　　　　　　　　　　图 5-82

❷❻ 创建变位机程序（PNS003），如图 5-83 所示：在 FANUC 示教器上单击鼠标右键，在弹出的快捷菜单中选择"Current Position→GP:4-Basic Positioner"；在 Group 下拉列表中选择"GP:4-Basic Positioner"；在 J1 文本框中输入 0（单位：deg）；查看 FANUC 示教器的右上方是否显示"G4 关节"，如果显示，则创建一个变位机程序"J @P[1] 100% FINE"。

❷❼ 开始显示变位机的 J1 轴数据，如图 5-84 所示：打开 FANUC 示教器的操作面板，确认 FANUC 示教器的开关处于 ON 的位置；单击 GROUP 按钮和 POSN 按钮；FANUC 示教器的右上角显示"G4 关节"，说明 Group 已从 G1 改为 G4；单击 -X 和 +X 按钮移动变位机；开始显示变位机 J1 轴的数据（设置 1 圈为 0，单位：deg）。

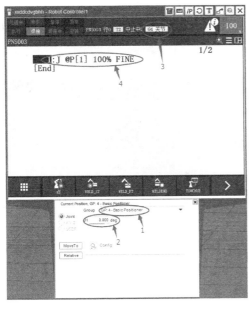

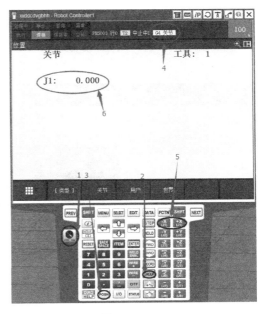

图 5-83　　　　　　　　　　　　　　　　　图 5-84

❷❽ 设置程序（PNS001）的组掩码：在 FANUC 示教器的操作面板中，单击 SELECT 按钮，显示如图 5-85 所示的界面；选中 PNS001，单击"详细"按钮，弹出如图 5-86 所示的界面；

把程序 PNS001 组掩码中的第 1 位改成 1（表示有效），其他位改成 "*"（表示无效）。

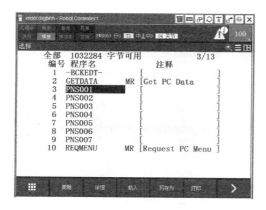

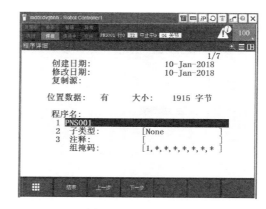

图 5-85   图 5-86

❷ 编写程序 PNS001，调用 CALL PNS002 外部轴 GP:4-BasicPositioner 旋转 180°，调用 CALL PNS003 外部轴 GP:4-BasicPositioner 旋转 0°，调用 CALL PNS007 外部轴 GP4-BasicPositioner 旋转 0°，如图 5-87～图 5-89 所示。

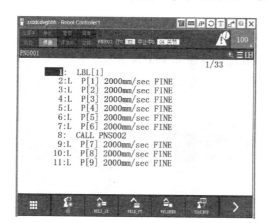

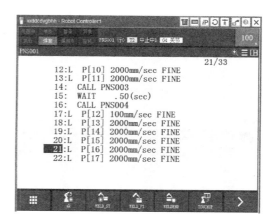

图 5-87   图 5-88

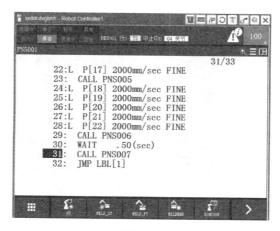

图 5-89

㉚ 变位机参数设置完成后的效果如图 5-90 所示。

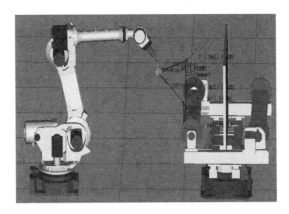

图 5-90

知识点练习

创建一个四轴变位机作为焊接工作站。

第 6 章

编写离线轨迹程序

虽然在 ROBOGUIDE 软件中可通过 FANUC 示教器移动工业机器人手臂，让工业机器人手臂上的工具移动到一个需要到达的空间位置，以进行位置示教，但这种方法会花费大量的时间与精力，太过繁琐。其实 ROBOGUIDE 已提供两种方便、快捷的离线轨迹编程方式，本章就对这两种离线轨迹编程方式进行学习。

6.1 通过在模型上创建目标点和目标组编写离线轨迹程序

6.1.1 创建工作单元

创建工作单元的操作步骤如下。

❶ 在 FANUC 文件夹中，双击 ROBOGUIDE 图标，打开 ROBOGUIDE 软件界面，如图 6-1 所示。

图 6-1

❷ 选择 "File→New"，弹出如图 6-2 所示的对话框，单击 New Cell 按钮。

❸ 此时将弹出 Workcell Creation Wizard 对话框中的 Step 1-Process Selection，如图 6-3 所示。选择 HandlingPRO 选项后，单击 Next 按钮。

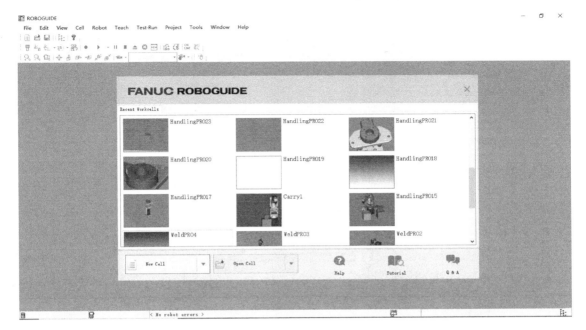

图 6-2

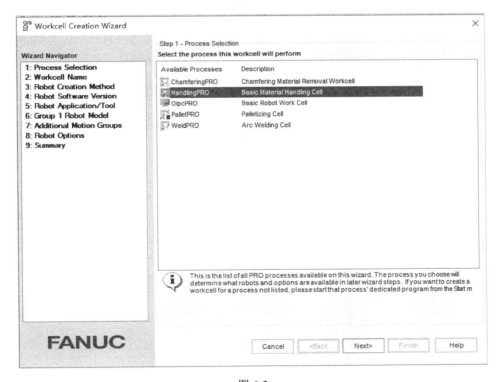

图 6-3

❹ 此时将弹出 Workcell Creation Wizard 对话框中的 Step 2-Workcell Name，如图 6-4 所示。在 Name 文本框中输入 Path1，单击 Next 按钮。

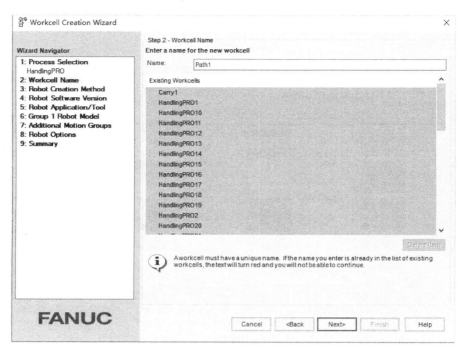

图 6-4

❺ 此时将弹出 Workcell Creation Wizard 对话框中的 Step 3-Robot Creation Method，如图 6-5 所示。选中 Create a new robot with the default HandlingPRO config 单选按钮，单击 Next 按钮。

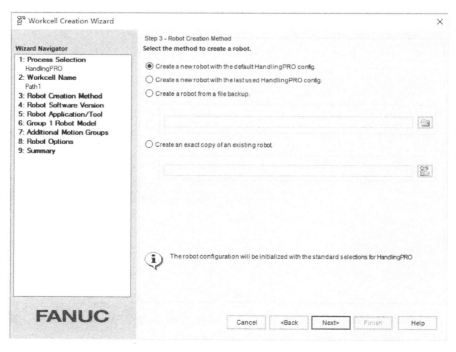

图 6-5

❻ 此时将弹出 Workcell Creation Wizard 对话框中的 Step 4-Robot Software Version，如图 6-6 所示。选择软件版本 V8.30，单击 Next 按钮。

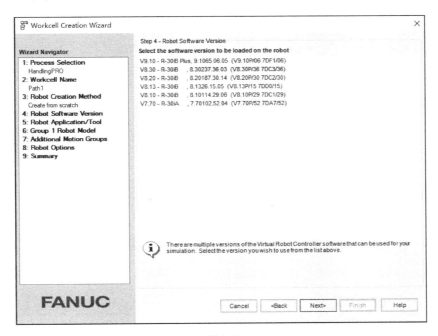

图 6-6

❼ 此时将弹出 Workcell Creation Wizard 对话框中的 Step 5-Robot Application/Tool，如图 6-7 所示。在这里不做修改，保持默认设置，单击 Next 按钮。

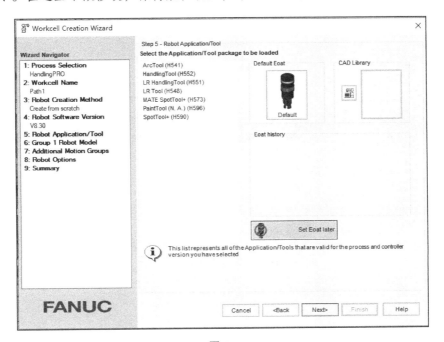

图 6-7

❽ 此时将弹出 Workcell Creation Wizard 对话框中的 Step 6-Group 1 Robot Model，如图 6-8 所示。在列表框中选择"LR Mate 200iD/4S"工业机器人，单击 Next 按钮。

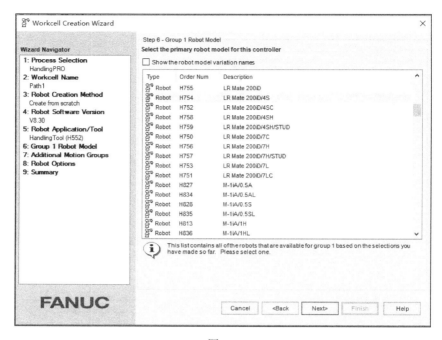

图 6-8

❾ 此时将弹出 Workcell Creation Wizard 对话框中的 Step 7-Additional Motion Groups，如图 6-9 所示。在这里不做修改，保持默认设置，单击 Next 按钮。

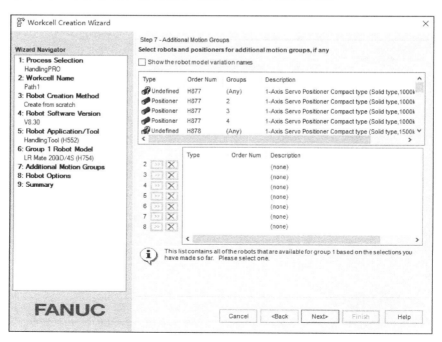

图 6-9

⓾ 此时将弹出 Workcell Creation Wizard 对话框中的 Step 8-Robot Options，切换到 Languages 选项卡，如图 6-10 所示。在 Basic Dictionary 列表框中选中 Chinese Dictionary 单选按钮，在 Option Dictionary 列表框中选中 Option Dictionary（English）复选框，单击 Next 按钮。

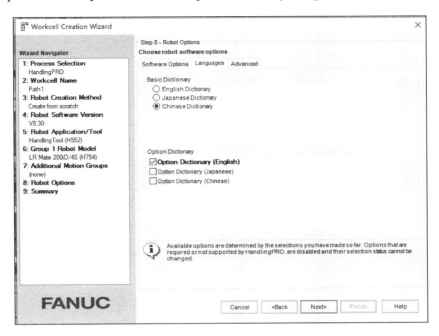

图 6-10

⓫ 此时将弹出 Workcell Creation Wizard 对话框中的 Step 9-Summary，如图 6-11 所示。单击 Finish 按钮。

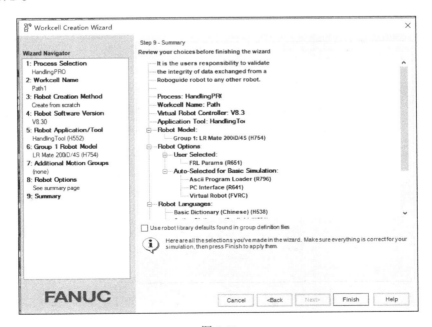

图 6-11

⓬ 到此，工作单元创建完成，效果如图 6-12 所示。

图 6-12

6.1.2 添加工具与设置工具坐标系

添加工具与设置工具坐标系的操作步骤如下。

❶ 在 Cell Browser-Path1 对话框中，右键单击 "UT:1（Eoat1）" 选项，在弹出的快捷菜单中选择 Eoat1 Properties，如图 6-13 所示。

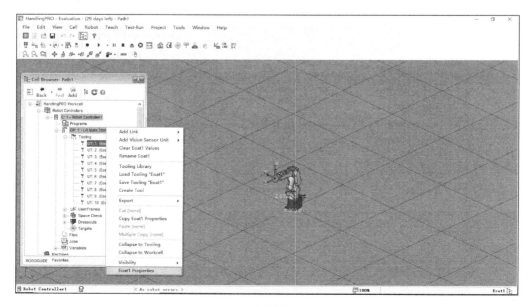

图 6-13

❷ 此时将打开如图 6-14 所示的对话框。在 General 选项卡中单击 按钮，弹出 Image Librarian 对话框，准备导入模型库里的工具模型，如图 6-15 所示。选中 STUD_GUN_BRKT_A 工具，单击 OK 按钮。

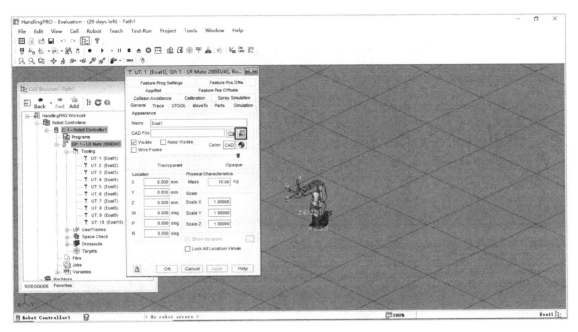

图 6-14

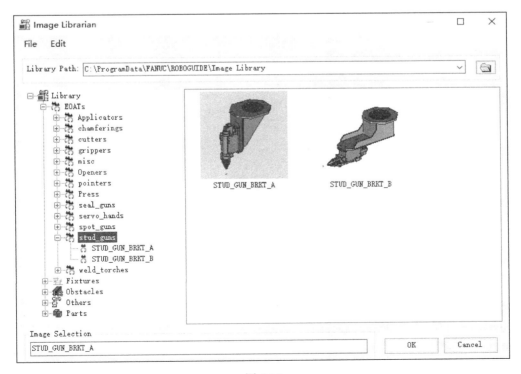

图 6-15

❸ 选择合适的工具模型后，返回如图 6-14 所示的对话框。在 Location 选项组中填写数据。选中 Lock All LocationValues 复选框，防止因误操作改变了数值，如图 6-16 所示，单击 Apply 按钮，效果如图 6-17 所示。

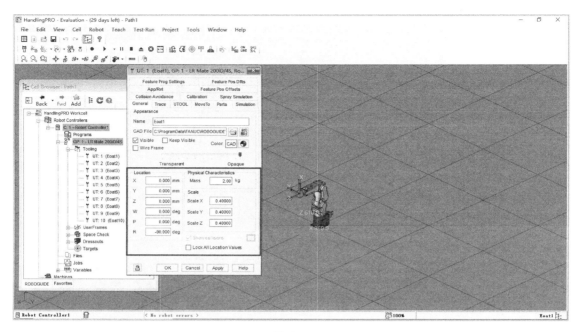

图 6-16

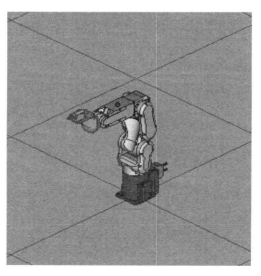

图 6-17

❹ 切换到 UTOOL 选项卡，如图 6-18 所示。勾选 Edit UTOOL 复选框，单击 按钮（Show/Hide Move and Copy Object），准备捕捉工具末端中心。

❺ 此时将打开 Move and Copy Object 对话框，如图 6-19 所示。取消勾选 Lock Object Location 复选框，单击 "Arc Ctr." 按钮，准备捕捉工具执行末端的圆弧中心。

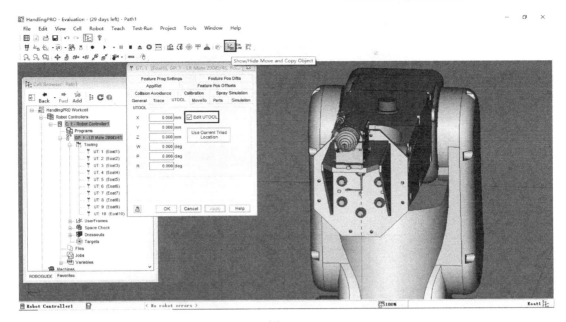

图 6-18

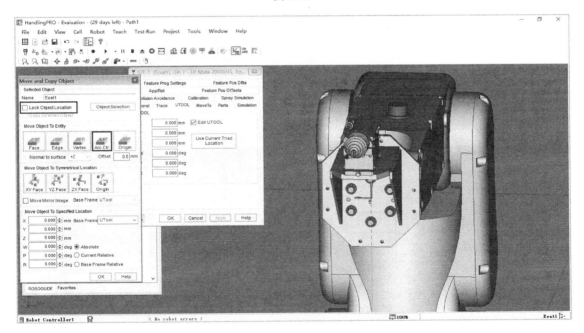

图 6-19

❻ 调整视角，如图 6-20 所示，将鼠标放在工具执行末端的弧线边缘处即可捕捉圆弧中心。在捕捉到满意的圆弧中心后单击鼠标左键，即可将工具坐标系移动到圆弧中心，效果如图 6-21 所示。

❼ 虽然已将工具坐标系移至工具末端的圆弧中心，但是距离需要的工具坐标系还有一段距离。因此，调整合适视角，手动拖动工具坐标系沿着 Z 轴移动，在移动完毕后单击 Use Current Triad Location 按钮，将当前显示的坐标系数据填入左侧的文本框中，如图 6-22 所示，

单击 Apply 按钮。

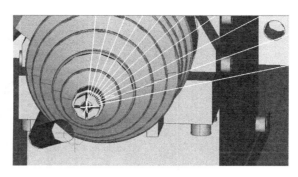

图 6-20

图 6-21

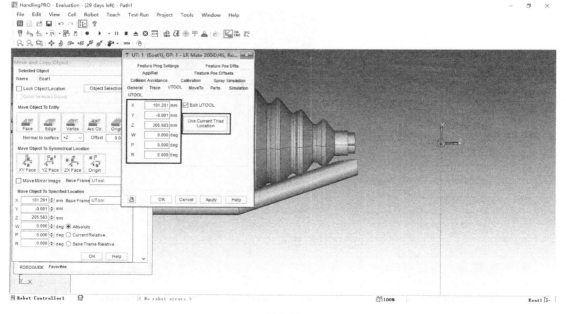

图 6-22

❽ 选择 "Robot→Teach Pendant",如图 6-23 所示。此时打开工业机器人的 FANUC 示教器,如图 6-24 所示,准备将工业机器人的姿态调整到一个合适的位置。

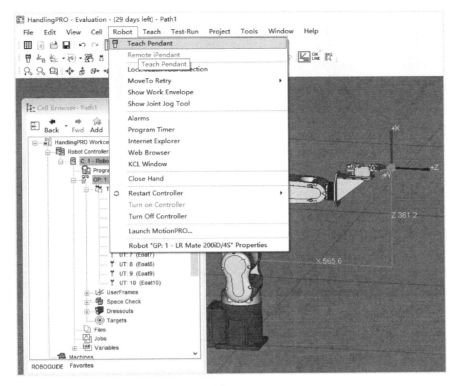

图 6-23

❾ 单击 FANUC 示教器上的 POSN 按钮，即可在 FANUC 示教器下方显示对话框，如图 6-25 所示。选中 Joint 单选按钮，在 J5 文本框中输入-90（单位：deg），其他设置保持不变，单击 MoveTo 按钮。移动完成后可关闭工业机器人的 FANUC 示教器，效果如图 6-26 所示。

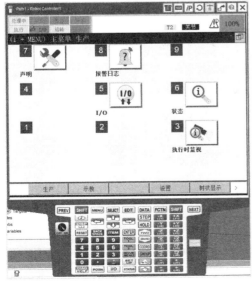

图 6-24

图 6-25

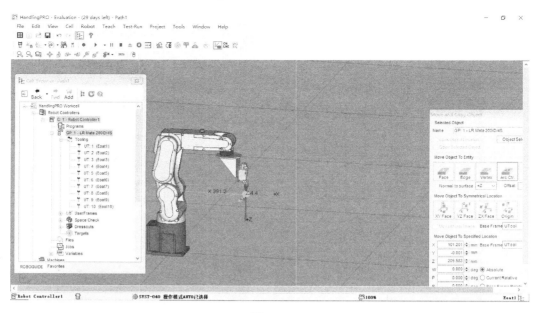

图 6-26

6.1.3 添加 Fixture 与 Part

添加 Fixture 与 Part 的操作步骤如下。

❶ 在 Cell Browser-Path1 对话框中，右键单击 Fixtures，在弹出的快捷菜单中选择 "Add Fixture→Box"，如图 6-27 所示。

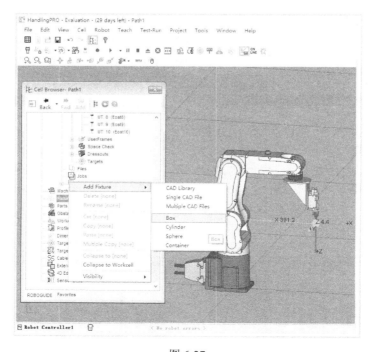

图 6-27

❷ 此时将弹出 Fixture1 对话框，如图 6-28 所示。在 X 文本框、Y 文本框、Z 文本框中分别输入 400、0、20（单位：mm）；在 W 文本框、P 文本框、R 文本框中均输入 0（单位：deg）；在 Size in X 文本框、Size in Y 文本框、Size in Z 文本框中分别输入 300、300、20（单位：mm）。其他选项保持默认值，单击 Apply 按钮，即可完成码台的创建。

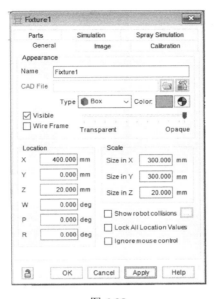

图 6-28

❸ 返回 Cell Browser-Path1 对话框，右键单击 Parts，在弹出的快捷菜单中选择 "Add Part→Box"，如图 6-29 所示。

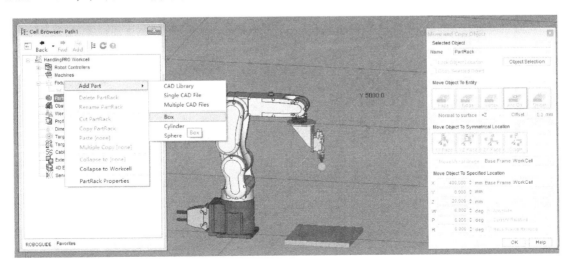

图 6-29

❹ 此时将打开 Part1 对话框，在 Mass 文本框中输入 2（单位：kg），在 Size in X 文本框、Size in Y 文本框、Size in Z 文本框中输入 200（单位：mm），如图 6-30 所示。切换到 Image 选项卡，勾选 Outline 复选框，使之显示边线，单击 Apply 按钮，如图 6-31 所示。

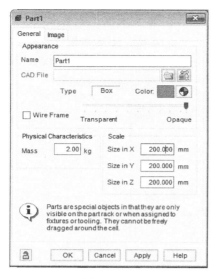
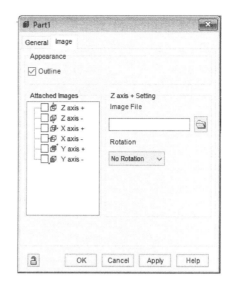

图 6-30   图 6-31

❺ 为了将 Part1 放到 Fixture1 上，可在 Cell Browser-Path1 对话框中，右键单击 Fixture1，在弹出的快捷菜单中选择 Fixture1 Properties，如图 6-32 所示。

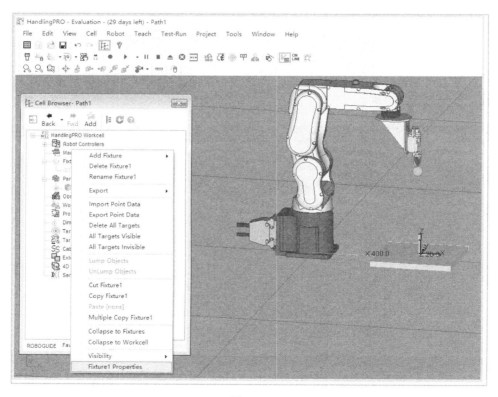

图 6-32

❻ 此时将打开 Fixture1 对话框，切换到 Parts 选项卡。勾选 Part1 复选框和 Edit Part Offset 复选框，在 Z 文本框中输入 200（单位：mm），单击 Apply 按钮，如图 6-33 所示。

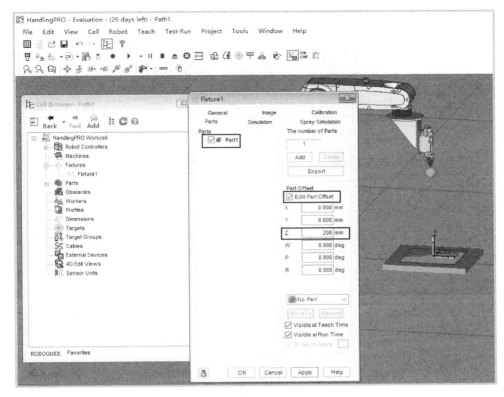

图 6-33

❼ 为了在台子上创建一个工件坐标系，可在 Cell Browser-Path1 对话框中，右键单击
"UF:1（UFrame1）"选项，在弹出的快捷菜单中选择 UFrame1 Properties，如图 6-34 所示。

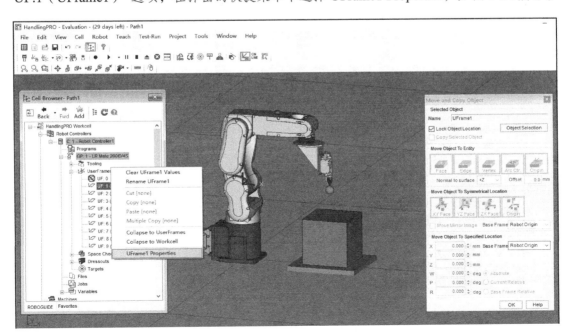

图 6-34

❽ 此时将打开如图 6-35 所示的对话框，勾选 Edit UFrame 复选框，使得工件坐标系可以编辑。

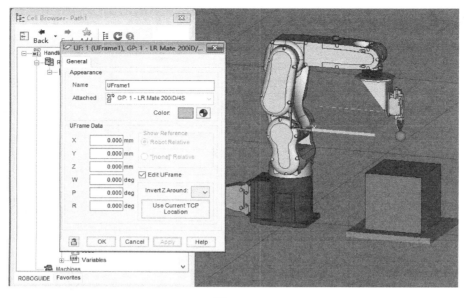

图 6-35

❾ 在右侧的 Move and Copy Object 对话框中单击 Vertex 按钮，准备捕捉角点（因为要把工件坐标系放在矩形体的一个角点）：按住 Shift 键不放，将光标移至矩形体的一个角点，在框中的线位于一个角点并朝上时单击鼠标左键，如图 6-36 所示。

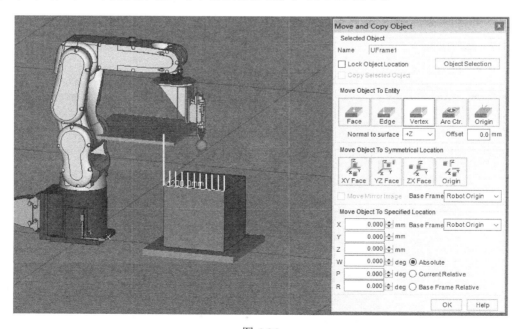

图 6-36

❿ 单击 OK 按钮后工件坐标系创建完成，效果如图 6-37 所示。

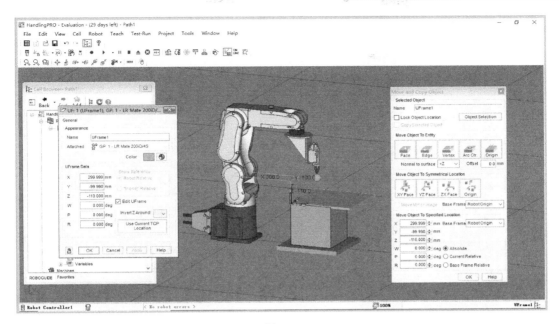

图 6-37

6.1.4　生成离线轨迹

本节将创建目标点和目标组，并依据目标点和目标组生成离线轨迹，操作步骤如下。

❶ 在 Cell Browser-Path1 对话框中，右键单击 Target Groups，在弹出的快捷菜单中选择 Add Target Group，即添加目标组，如图 6-38 所示。

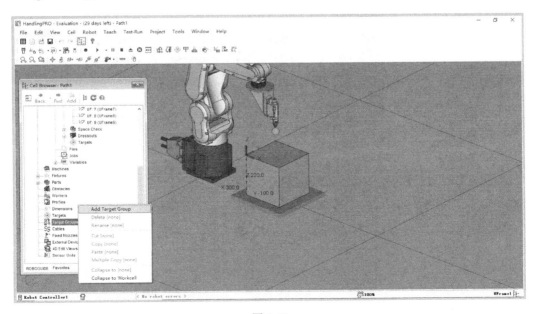

图 6-38

❷ 此时将弹出 Target Group1 选项卡，保持默认选项，单击 OK 按钮，如图 6-39 所示。

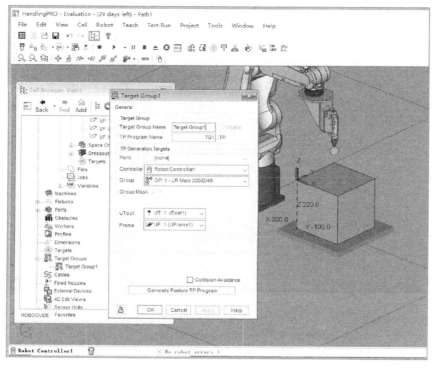

图 6-39

❸ 单击 Show/Hide Target tools 按钮，如图 6-40 所示，弹出 Targets 对话框，准备创建目标点，如图 6-41 所示。

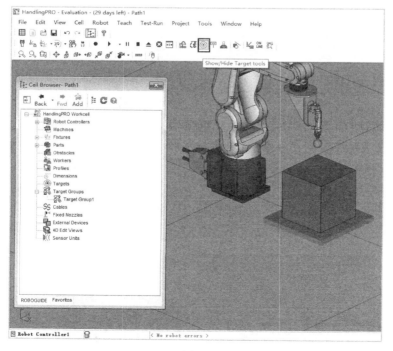

图 6-40

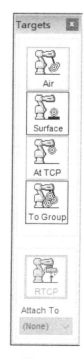

图 6-41

❹ 单击 Surface 按钮和 To Group 按钮，准备将创建的目标点关联到目标组中。将视角调整到需要创建离线轨迹的表面，将光标移至内侧矩形体的一个角点附近，在出现边线提示预览线条时（如果没有出现边线提示预览线条，则重新执行之前的步骤），按住"Shift+鼠标左键"，这时一个位于矩形体一个角点的目标点就创建完成了。依照上述方法创建矩形体的其他目标点，效果如图 6-42 所示。

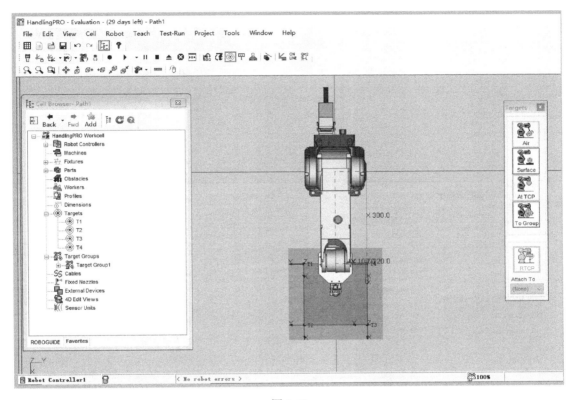

图 6-42

❺ 目标点创建完成后，在 Cell Browser-Path1 对话框中右键单击 Target Groups，在弹出的快捷菜单中选择 Edit Target Group，即编辑目标组，如图 6-43 所示。

❻ 此时将弹出 Target Group Edit-Target Group1 对话框，切换到 Motion Line Data 选项卡（用于调整运动方式及数据）。此时出现了以目标点 T1~T4 为基础的指令，如图 6-44 所示。由于这段轨迹从起点出发还需要回到起点，所以需要复制 T1 这行指令，粘贴到最后一行，即选中 T1 这行指令，单击 Copy 按钮，选中 End 这行指令，单击 Paste 按钮进行粘贴。

❼ 选中 T1 这行指令，按住 Shift 键后单击最后一行指令，即选中所有指令，准备对指令参数进行整体调整，如图 6-45 所示。

❽ 单击 Motion Line Data 选项卡下的第一个放大镜图标，开始调整指令参数，如图 6-46 中的框选所示。

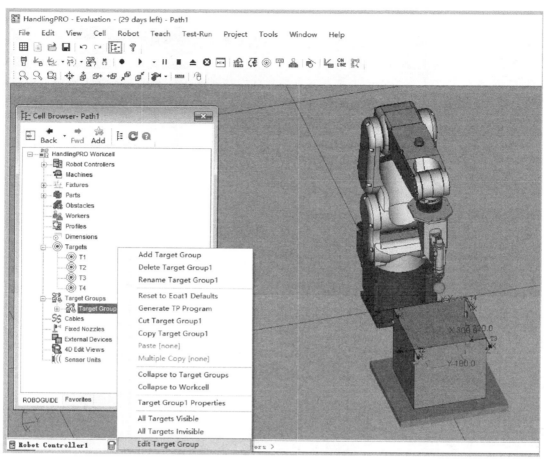

图 6-43

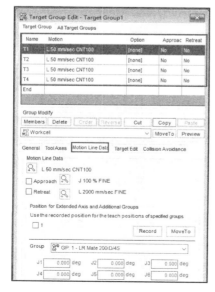

图 6-44

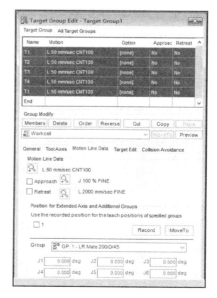

图 6-45

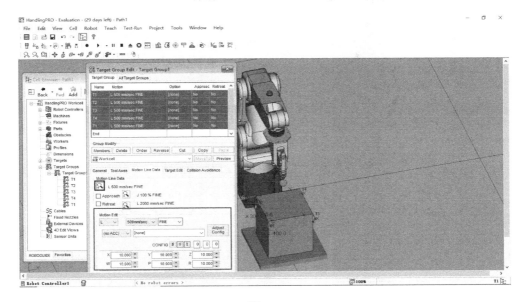

图 6-46

> **注意**：如果需要了解更多指令参数的相关知识，请参考《FANUC 工业机器人实操与应用技巧》一书。

❾ 在主路径的指令参数调整完毕后，开始添加接近点与逃离点。

❿ 更改接近点的运动方式及偏移路径：选中 T1 这行指令，勾选 Approach 复选框，即以 T1 这行指令的目标点偏移作为接近点，单击 Approach 复选框后的放大镜图标，在 Motion Edit 选项组下选择 J、50%、CNT50；在 Z 文本框中输入−100（单位：mm），如图 6-47 所示。

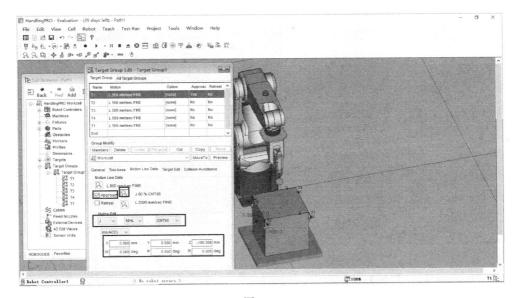

图 6-47

⓫ 更改逃离点的运动方式及偏移路径：选中 T1 这行指令，勾选 Retreat 复选框，单击

Approach 复选框后的放大镜图标🔍；在 Motion Edit 选项组下选择 L、500mm/sec、FINE；在 Z 文本框中输入–100（单位：mm），如图 6-48 所示。

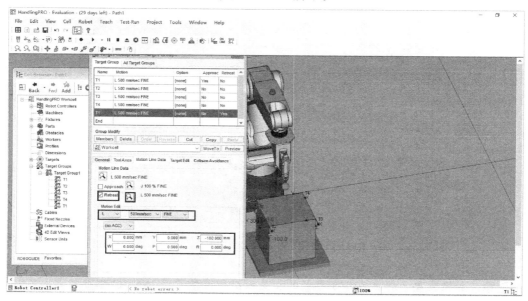

图 6-48

⓬ 切换到 General 选项卡，单击 Generate Feature TP Program 按钮，生成特征 TP 程序，并将程序同步到工业机器人的虚拟控制器中，如图 6-49 所示。

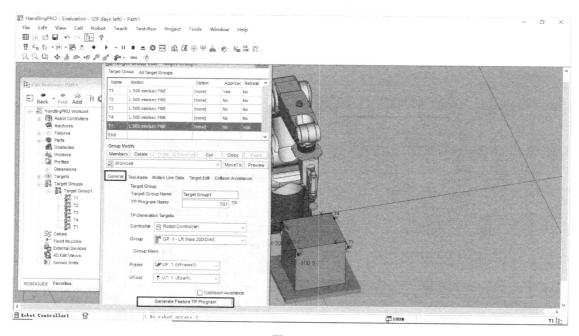

图 6-49

⓭ 完成设置后关闭该界面，效果如图 6-50 所示。

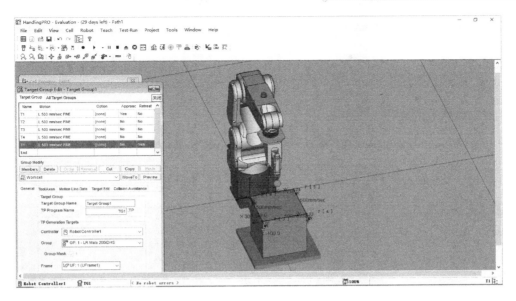

图 6-50

6.1.5　仿真测试

在将程序同步到工业机器人的虚拟控制器后，单击 ▶ 按钮可进行仿真测试，如图 6-51 所示。

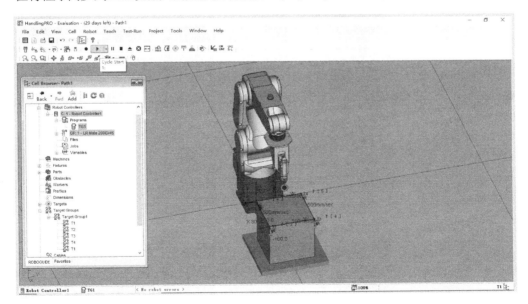

图 6-51

6.2　通过在模型上绘制特征路径编写离线轨迹程序

通过在模型上绘制特征路径编写离线轨迹程序包括 5 个步骤：创建工作单元、添加工具与设置工具坐标系、添加 Fixture 与 Part、生成离线轨迹、仿真测试。前 3 个步骤与 6.1 节相同，这里不再赘述。

6.2.1 生成离线轨迹

生成离线轨迹的操作步骤如下。

❶ 选择 "Teach→Draw Part Features"，准备绘制特征路径，如图 6-52 所示。

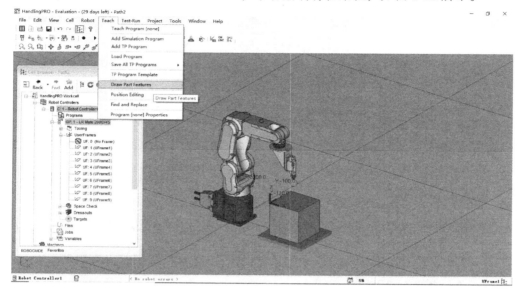

图 6-52

❷ 此时将弹出 CAD-To-Path 对话框，将视角调整到俯视角度，如图 6-53 所示。

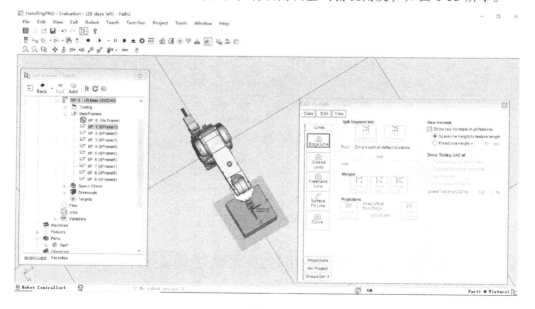

图 6-53

❸ 单击 CAD-To-Path 对话框中的 Edge Line 按钮，准备识别边线，即将光标移至起点附近，按住 Shift 键和鼠标左键，如图 6-54 所示。

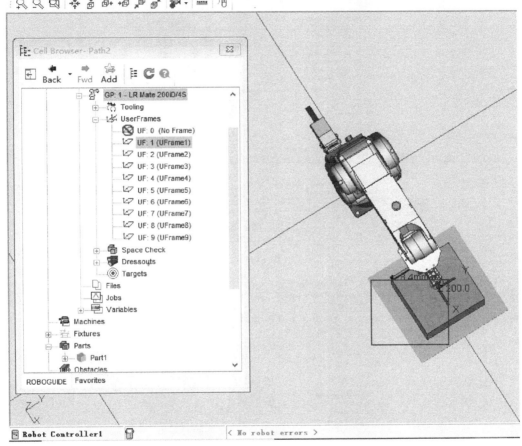

图 6-54

❹ 继续按住 Shift 键，移动光标到下一个角点附近，单击鼠标左键，如图 6-55 所示。

❺ 依次移动光标到下一个角点附近，直至用边线将整个上表面围住，双击鼠标左键，如图 6-56 所示。

❻ 此时将弹出"Feature1，Part1"对话框，切换到 Prog Settings 选项卡，准备调整运动类型及参数，如图 6-57 所示。

❼ 切换到 Approach/Retreat 选项卡，准备调整接近点与逃离点的参数，如图 6-58 所示。接近点与逃离点的位置都基于起点 Z 方向−100mm 处，设置完成后单击 Apply 按钮。

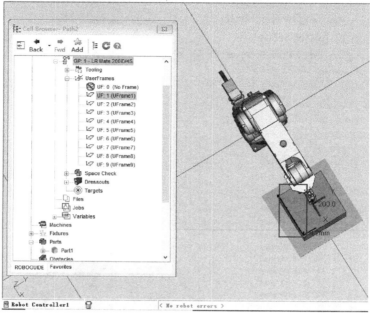

图 6-55

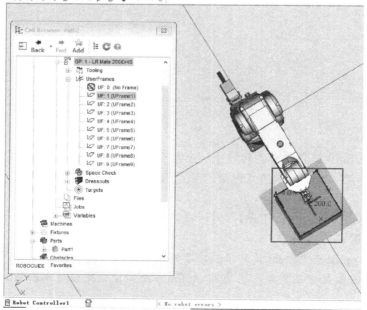

图 6-56

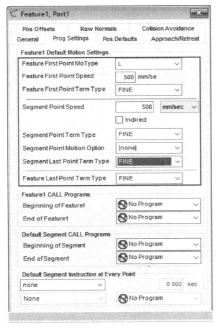

图 6-57

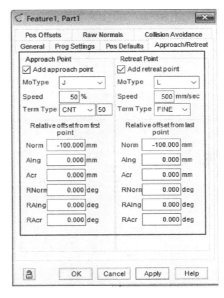

图 6-58

❽ 切换到 General 选项卡，单击 Generate Feature TP Program 按钮，即可生成特征 TP 程序，并将其同步到工业机器人的虚拟控制器中，如图 6-59 所示。

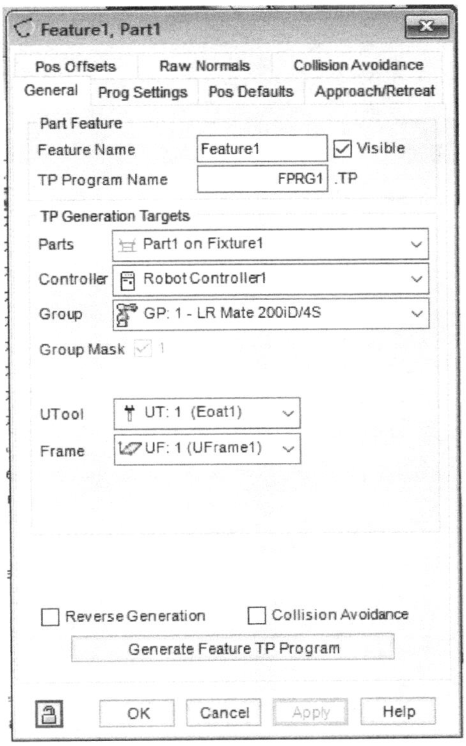

图 6-59

❾ 完成设置后关闭 "Feature1，Part1" 对话框。

6.2.2 仿真测试

在将程序同步到工业机器人的虚拟控制器后，单击 ▶ 按钮可进行仿真测试，如图 6-60 所示。

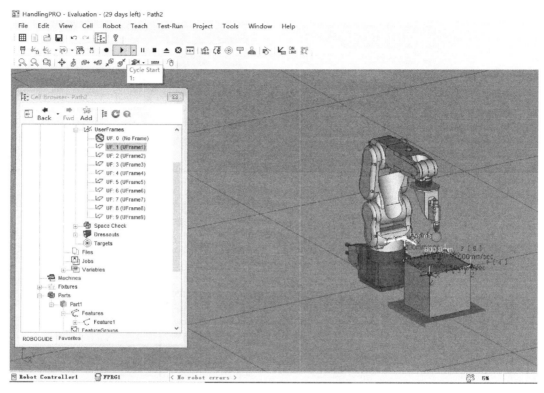

图 6-60

知识点练习

❶ 独立通过在模型上创建目标点和目标组编写离线轨迹程序。
❷ 独立通过在模型上绘制特征路径编写离线轨迹程序。

第7章

创建吊装工业机器人工作站

7.1 创建吊装系统

创建一个吊装系统的操作步骤如下。

❶ 打开 ROBOGUIDE 软件界面，选择"File→New"，弹出如图 7-1 所示的对话框。单击 New Cell 按钮。

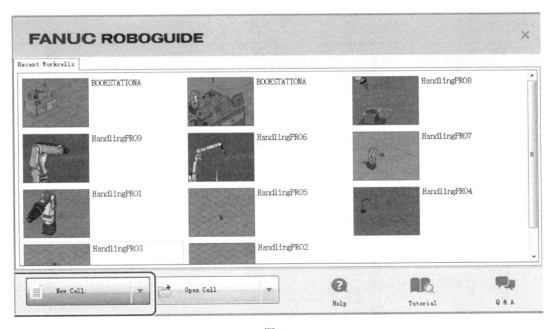

图 7-1

❷ 此时将弹出 Workcell Creation Wizard 对话框中的 Step 1-Process Selection，如图 7-2 所示。选择 HandlingPRO 选项后，单击 Next 按钮。

❸ 此时将弹出 Workcell Creation Wizard 对话框中的 Step 2-Workcell Name，如图 7-3 所示。在 Name 文本框中输入 VICTORY1，单击 Next 按钮。

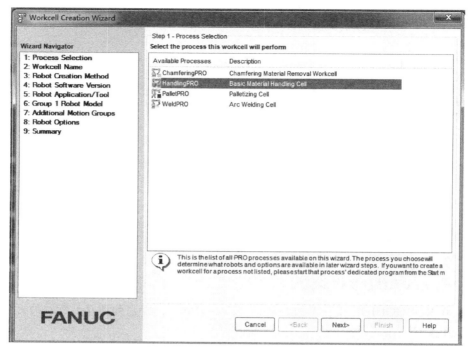

图 7-2

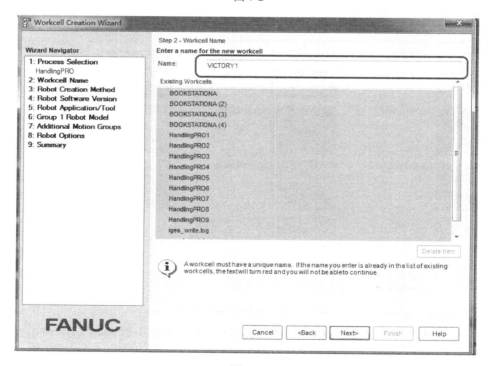

图 7-3

❹ 此时将弹出 Workcell Creation Wizard 对话框中的 Step 3-Robot Creation Method，如图 7-4 所示。选中 Create a new robot with the default HandlingPRO config 单选按钮，单击

Next 按钮。

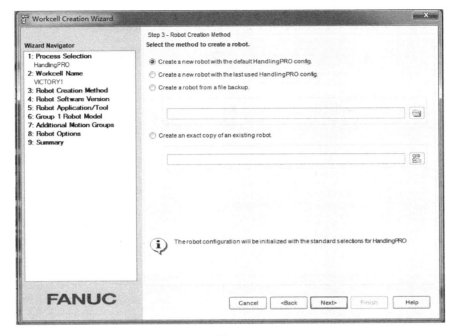

图 7-4

❺ 此时将弹出 Workcell Creation Wizard 对话框中的 Step 4-Robot Software Version，如图 7-5 所示。选择软件版本 V9.10，单击 Next 按钮。

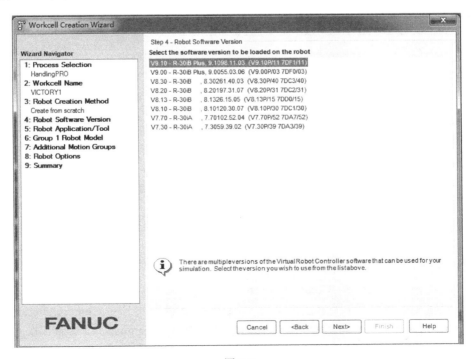

图 7-5

❻ 此时将弹出 Workcell Creation Wizard 对话框中的 Step 5-Robot Application/Tool，如图 7-6 所示。选择要加载的应用程序工具包 HandingTool（H552），选中 Set Eoat later，单击 Next 按钮。对图 7-6 中要加载的应用程序工具包的说明如表 7-1 所示。

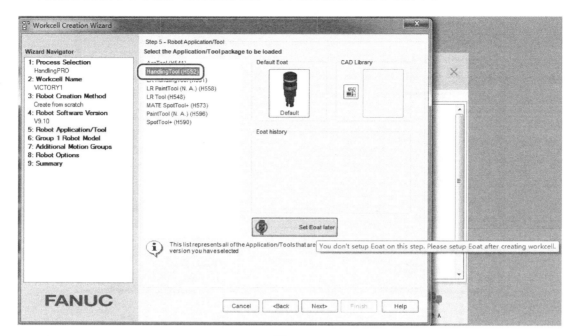

图 7-6

表 7-1

要加载的应用程序工具包	说明
Arctool（H541）	弧焊工具
HandingTool（H552）	搬运工具
LR HandingTool（H551）	通用搬运工具
LR Tool（H548）	通用工具
MATE SpotTool+（H573）	配对工具
SpotTool+（H590）	点焊工具

❼ 此时将弹出 Workcell Creation Wizard 对话框中的 Step 6-Group 1 Robot Model，如图 7-7 所示。在列表框中选择"Robot H608 R-2000iB/200T"工业机器人（吊装工业机器人），单击 Next 按钮。

❽ 此时将弹出 Workcell Creation Wizard 对话框中的 Step 7-Additional Motion Groups，即添加附加运动组，如添加变位机、伺服枪等，如图 7-8 所示。在这里不做修改，保持默认设置，单击 Next 按钮。

❾ 此时将弹出 Workcell Creation Wizard 对话框中的 Step 8-Robot Options，切换到 Languages 选项卡，如图 7-9 所示。在 Basic Dictionary 列表框中选中 Chinese Dictionary 单选按钮，在 Option Dictionary 列表框中勾选 Option Dictionary（English）复选框，以在 FANUC 示教器中进行中英文的切换，单击 Next 按钮。

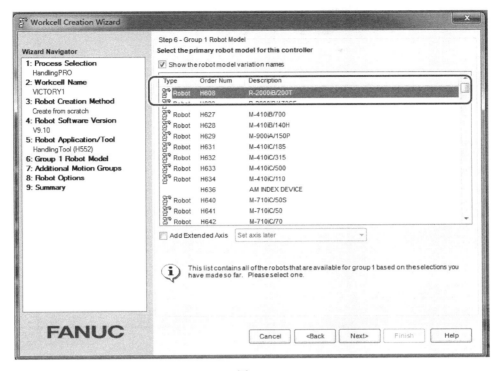

图 7-7

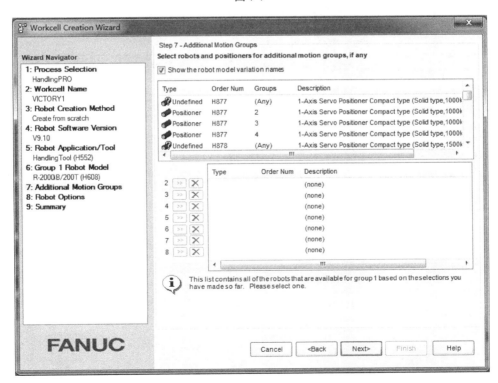

图 7-8

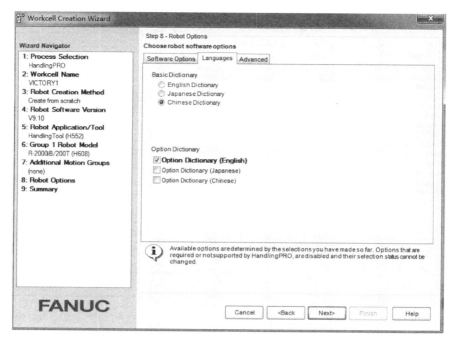

图 7-9

❿ 此时将弹出 Workcell Creation Wizard 对话框中的 Step 9-Summary，如图 7-10 所示。请查看之前的选择，如果确认无误，则单击 Finish，否则可继续进行修改。

⓫ 到此，吊装系统创建完成。

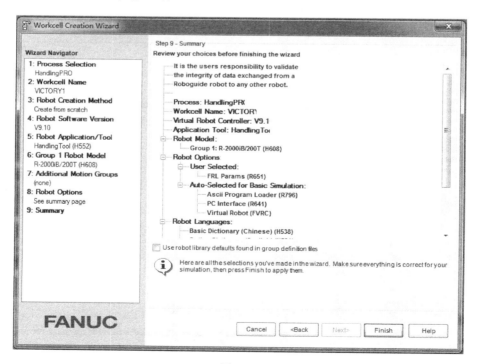

图 7-10

7.2　初始化设置

初始化设置的操作步骤如下。

❶　设置法兰类型：Standard Flange 表示标准法兰；Insulated Flange 表示绝缘法兰。在这里选择标准法兰，即输入 1，如图 7-11 所示。

❷　设置挂载类型：Floor Mount 表示地板支架；Side Slung 表示侧面吊挂；Under Slung 表示向下吊挂。在这里选择地板支架，即输入 1，如图 7-12 所示。

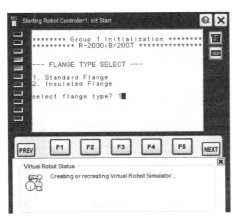
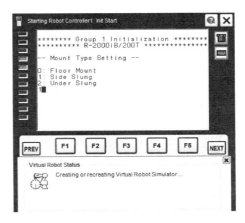

图 7-11　　　　　　　　　　　　　　　图 7-12

❸　设置安装方式：North American Carriage 表示北美运输；Japanese Carriage（Custom）表示日本运输。在这里选择日本运输，即输入 2，如图 7-13 所示。

❹　设置上限尺寸（单位：mm），在这里输入 3000，如图 7-14 所示。

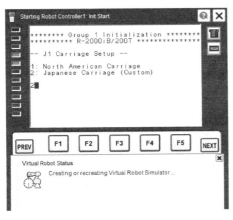

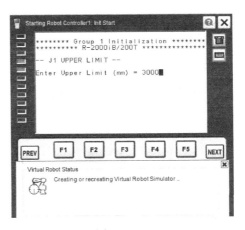

图 7-13　　　　　　　　　　　　　　　图 7-14

❺　设置下限尺寸（单位：mm），在这里输入 –3000，如图 7-15 所示。

❻　设置原点位置（单位：mm），在这里输入 0，如图 7-16 所示。

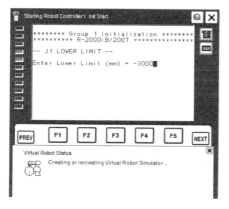

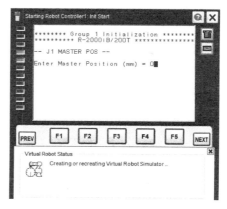

图 7-15   图 7-16

❼ 设置齿轮比率（单位：mm/rev），在这里输入 150，如图 7-17 所示。

❽ 设置是否改变最大速度，在这里将其设置为不改变，即输入 2，如图 7-18 所示。

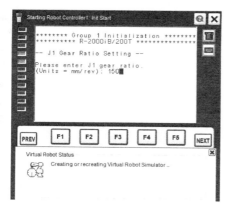

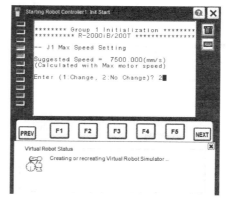

图 7-17   图 7-18

❾ 设置电机方向中的默认运动标志，在这里输入 1，即 TRUE，如图 7-19 所示。

❿ 设置加速度时间 1，默认的加速度时间 1 为 900ms，在这里输入 2，即不改变默认的加速度时间 1，如图 7-20 所示。

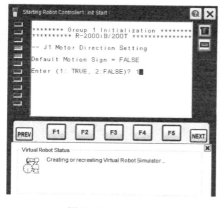

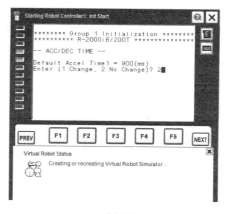

图 7-19   图 7-20

⑪ 设置加速度时间 2，默认的加速度时间 2 为 450ms，在这里输入 2，即不改变默认的加速度时间 2，如图 7-21 所示。

⑫ 设置负载比率，可输入 1~5（包括 5）的任意数，在这里输入 5，如图 7-22 所示。

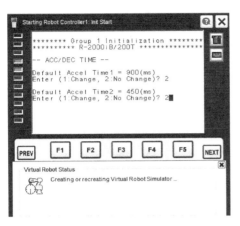

图 7-21

图 7-22

⑬ 等待系统创建完成，吊装工业机器人的系统界面如图 7-23 所示。

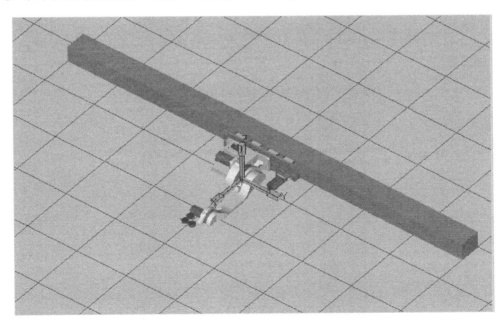

图 7-23

7.3　添加外围设备

添加外围设备的操作步骤如下。

❶ 打开 ROBOGUIDE 软件界面，在 Cell Browser-Carry1 对话框中右键单击 Tooling 下

的"UT:1（Eoat1）"，在弹出的快捷菜单中选择 Eoat1 Properties，如图 7-24 所示。

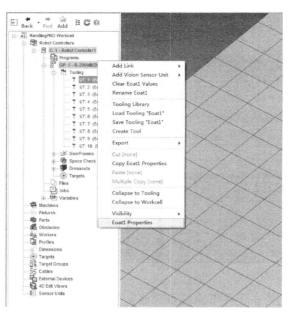

图 7-24

❷ 此时将打开如图 7-25 所示的对话框，在 General 选项卡中单击 ⬚ 按钮，准备导入模型库里的模型。

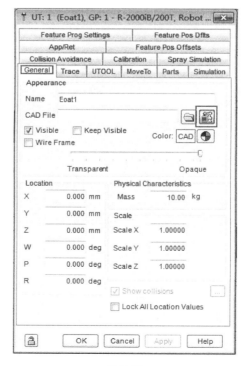

图 7-25

❸ 此时将打开 Image Librarian 对话框，选择 grippers（夹持器）中的 36005f-200-2，单击 OK 按钮，如图 7-26 所示。

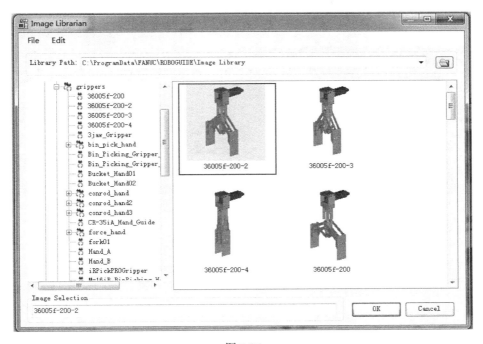

图 7-26

❹ 此时将返回如图 7-27 所示的对话框，单击 Apply 按钮。

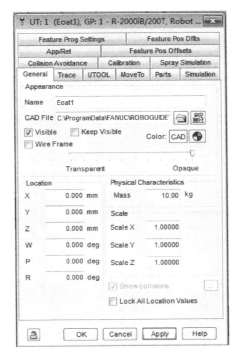

图 7-27

❺ 由于添加的夹具位于默认位置，并不与 6 轴法兰盘相吻合，如图 7-28 所示，因此需要调整夹具的位置，如图 7-29 所示。

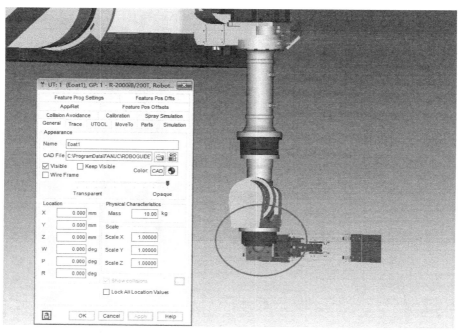

图 7-28

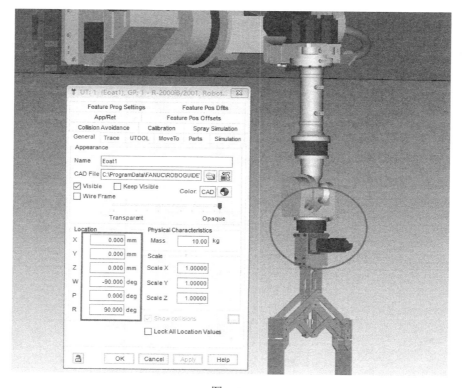

图 7-29

❻ 切换到 UTOOL 选项卡，用于为夹具设置 TCP 位置：勾选 Edit UTOOL 复选框，将光标放置在坐标系的 Z 轴处，在光标变为手形时按住左键移动光标，如图 7-30 所示；设置 TCP 位置，如图 7-31 所示，单击 Use Current Triad Location（使用当前三元组位置）按钮，将当前位置写入 TCP 数据中；单击 Apply 按钮，效果如图 7-32 所示。

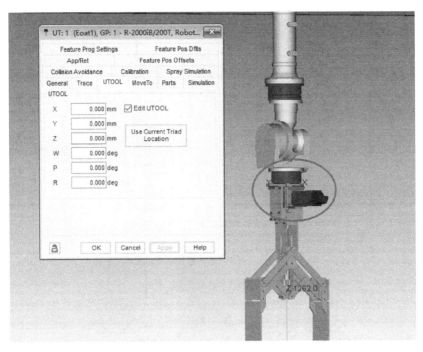

图 7-30

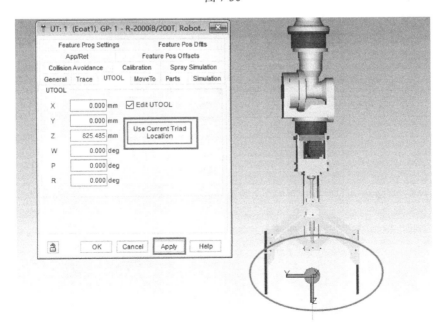

图 7-31

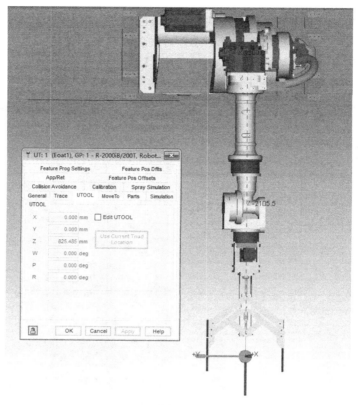

图 7-32

❼ 打开 Simulation 选项卡，如图 7-33 所示，可为夹具添加动态效果。单击▦按钮，选择另一个状态的夹具。

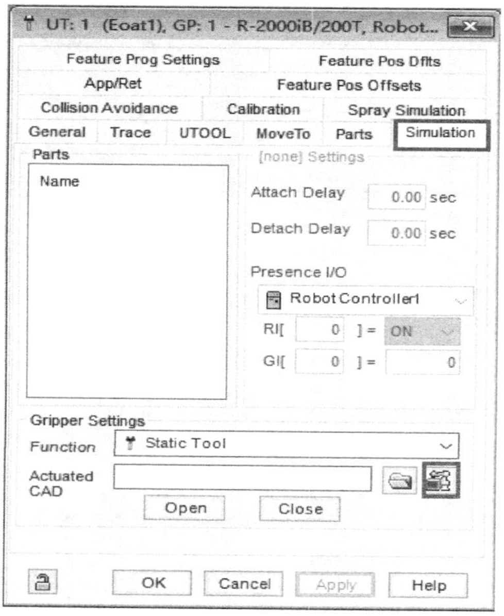

图 7-33

❽ 此时将打开 Image Librarian 对话框，选择 grippers 中的 36005f-200-3，单击 OK 按钮，如图 7-34 所示。

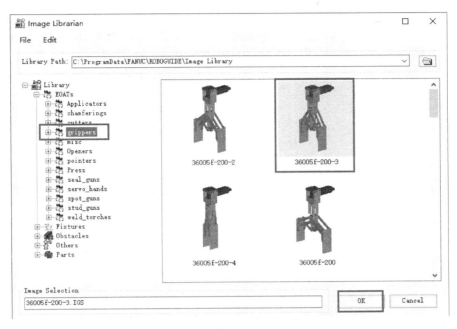

图 7-34

❾ 此时将返回如图 7-35 所示的对话框。为了测试效果，可单击 Apply 按钮。

图 7-35

❿ 开始对夹具进行检测：单击 Open 按钮，查看夹具是否打开，如图 7-36 所示；单击 Close 按钮，查看夹具是否切换成夹取状态，如图 7-37 所示。

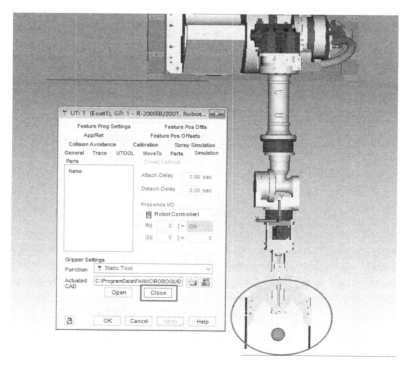

图 7-36

图 7-37

⓫ 添加一个桌子：右键单击 Fixture 选项，在弹出的快捷菜单中选择 "Add Fixture→CAD Library"，如图 7-38 所示。此时将打开 Image Librarian 对话框，选择 table 中的 table08，单击 OK 按钮，如图 7-39 所示。添加桌子后，可调整其位置，效果如图 7-40 所示。

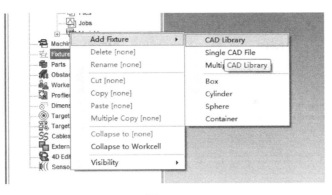

图 7-38

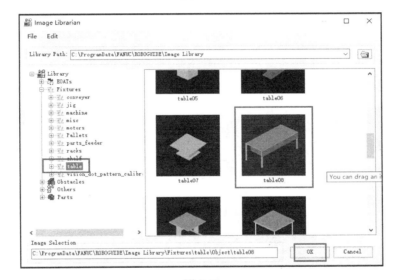

图 7-39

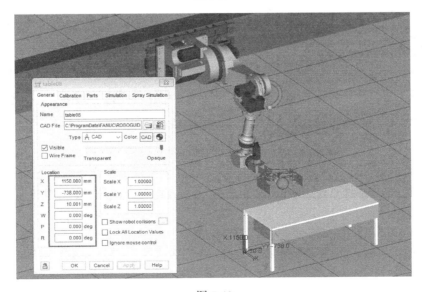

图 7-40

⑫ 添加一个产品：右键单击 Part 选项，在弹出的快捷菜单中选择"Add Part→Box"，如图 7-41 所示。此时将打开 Part1 对话框，可设置产品的大小，单击 OK 按钮，如图 7-42 所示。

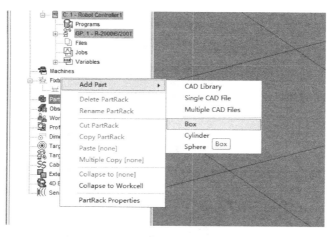

图 7-41

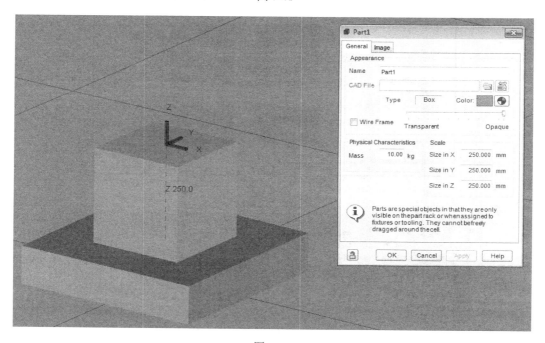

图 7-42

⑬ 设置桌子的属性：右键单击 table08 选项，在弹出的快捷菜单中选择 table08 Properties，如图 7-43 所示；此时将打开 table08 对话框，切换到 Part 选项卡，勾选 Part1 复选框，单击 Apply 按钮，如图 7-44 所示。

⑭ 勾选 Edit Part Offset 复选框，如图 7-45 所示。

⑮ 调整产品位置，即在 X 文本框、Y 文本框、Z 文本框中分别输入 422.776、384、592（单位：mm），如图 7-46 所示。

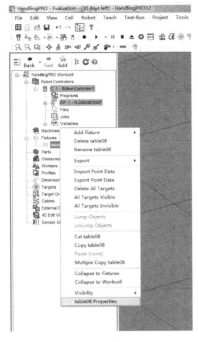

图 7-43

图 7-44

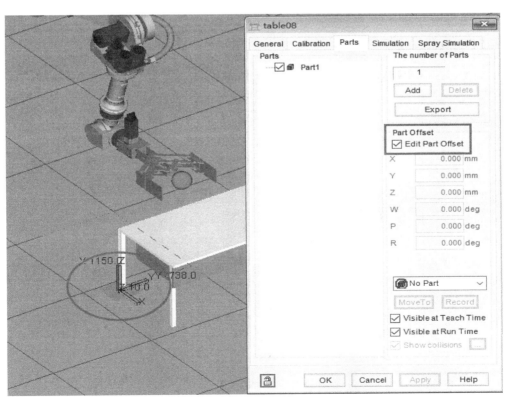

图 7-45

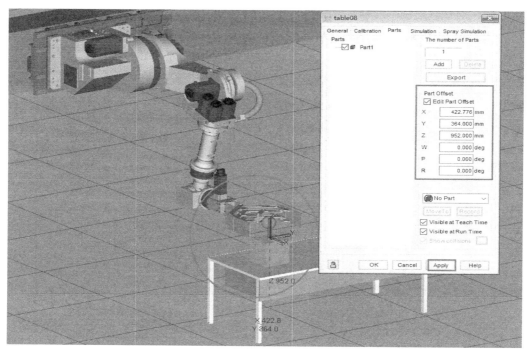

图 7-46

⓰ 设置夹具的属性：右键单击 Tooling 下的 "UT:1（Eoat1）"，在弹出的快捷菜单中选择 Eoat1 Properties，如图 7-47 所示。

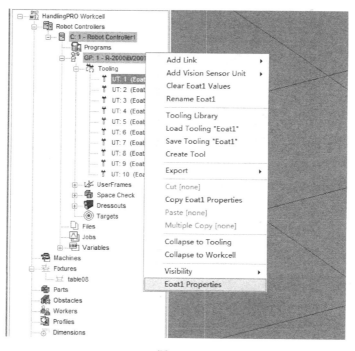

图 7-47

⓱ 此时将打开如图 7-48 所示的对话框，在 Parts 选项卡中勾选 Part1 复选框，单击 Apply 按钮。

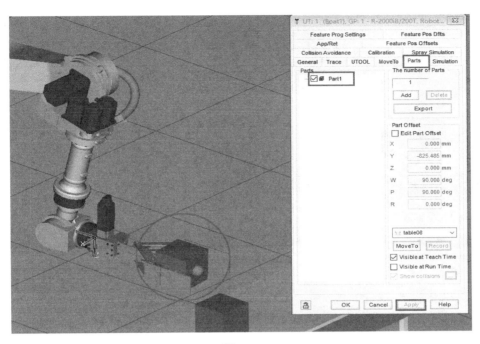

图 7-48

⓲ 调整产品位置，即在 Y 文本框中输入-952.485（单位：mm），在 W 文本框、P 文本框中输入 90（单位：deg），单击 Apply 按钮，如图 7-49 所示。

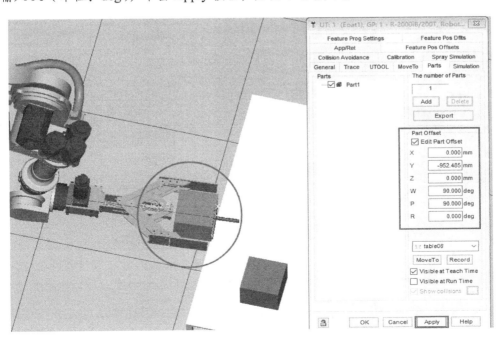

图 7-49

⓴ 对夹具进行检测，单击 Close 按钮，效果如图 7-50 所示（夹具将产品夹住）；单击 Open 按钮，效果如图 7-51 所示（夹具将产品松开）。

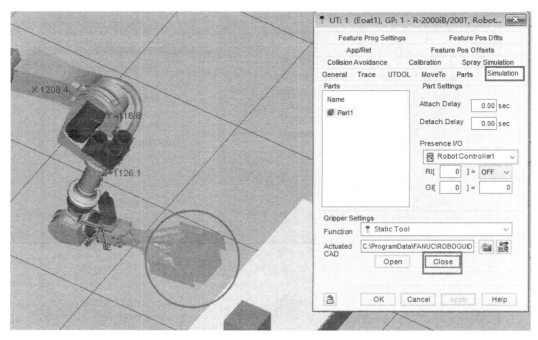

图 7-50

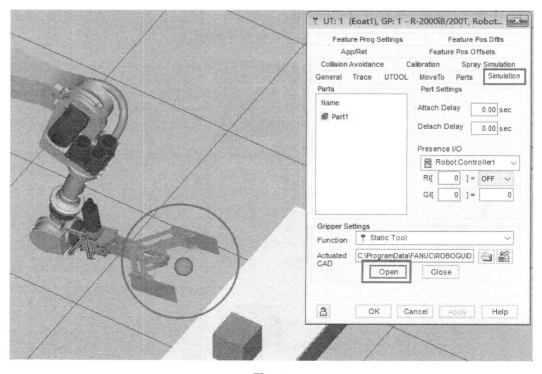

图 7-51

知识点练习

创建一个吊装工作站，将产品从 A 处搬到 B 处，如图 7-52 所示。

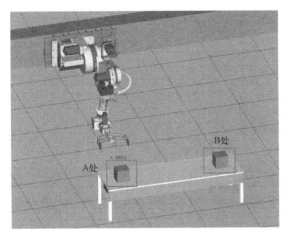

图 7-52

第 8 章

创建带导轨的工业机器人工作站

8.1 创建导轨系统

创建一个导轨系统的操作步骤如下。

❶ 打开 ROBOGUIDE 软件界面，选择"File→New"，弹出如图 8-1 所示的对话框。单击 New Cell 按钮。

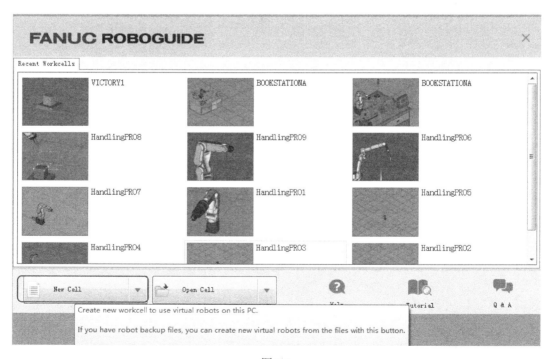

图 8-1

❷ 此时将弹出 Workcell Creation Wizard 对话框中的 Step 1-Process Selection，如图 8-2 所示。选择 HandlingPRO 选项后，单击 Next 按钮。

❸ 此时将弹出 Workcell Creation Wizard 对话框中的 Step 2-Workcell Name，如图 8-3 所示。在 Name 文本框中输入 VICTORY2，单击 Next 按钮。

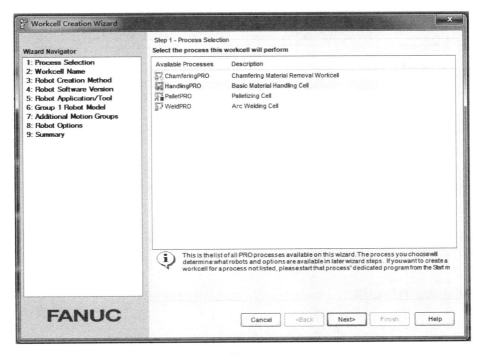

图 8-2

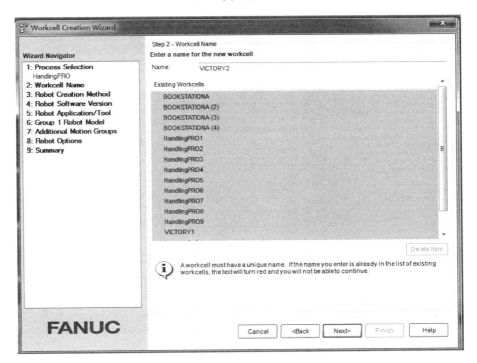

图 8-3

❹ 此时将弹出 Workcell Creation Wizard 对话框中的 Step 3-Robot Creation Method，如图 8-4 所示。选中 Create a new robot with the default HandlingPRO config 单选按钮，单击 Next 按钮。

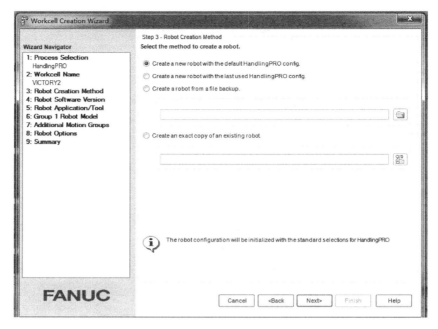

图 8-4

❺ 此时将弹出 Workcell Creation Wizard 对话框中的 Step 4-Robot Software Version，如图 8-5 所示。选择软件版本 V9.10，单击 Next 按钮。

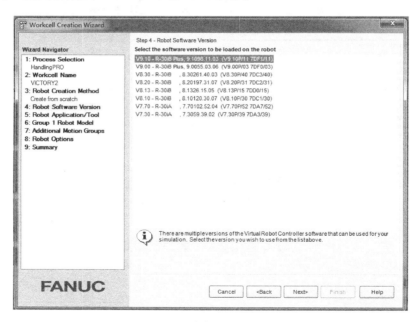

图 8-5

❻ 此时将弹出 Workcell Creation Wizard 对话框中的 Step 5-Robot Application/Tool，如图 8-6 所示。选择要加载的应用程序工具包 HandingTool（H552），选中 Set Eoat later，单击 Next 按钮。

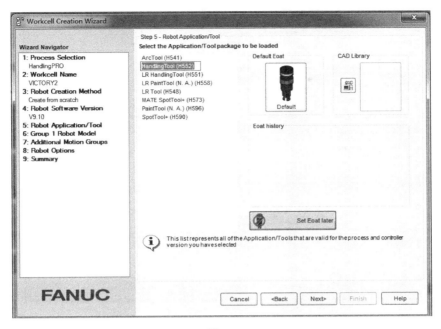

图 8-6

❼ 此时将弹出 Workcell Creation Wizard 对话框中的 Step 6-Group 1 Robot Model，如图 8-7 所示。由于需要添加一款带导轨的工业机器人，因此在列表框中选择"Robot　H721 R-2000iC/165F"工业机器人，单击 Next 按钮。

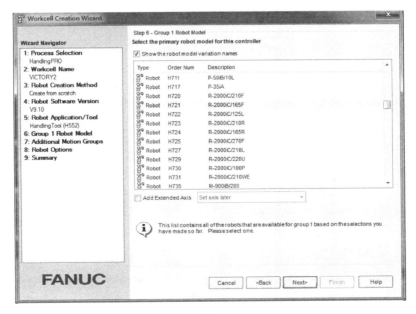

图 8-7

❽ 此时将弹出 Workcell Creation Wizard 对话框中的 Step 7-Additional Motion Groups，即添加附加运动组，如添加变位机、伺服枪等，如图 8-8 所示。在这里不做修改，保持默认设置，单击 Next 按钮。

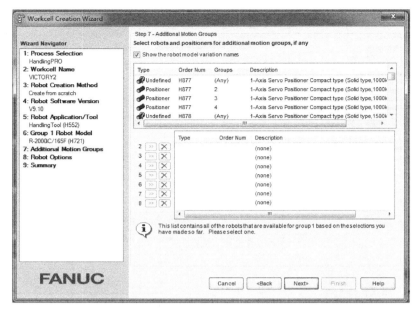

图 8-8

❾ 此时将弹出 Workcell Creation Wizard 对话框中的 Step 8-Robot Options，切换到 Software Options 选项卡，如图 8-9 所示。勾选 Extended Axis Control（J518）复选框，单击 Next 按钮。

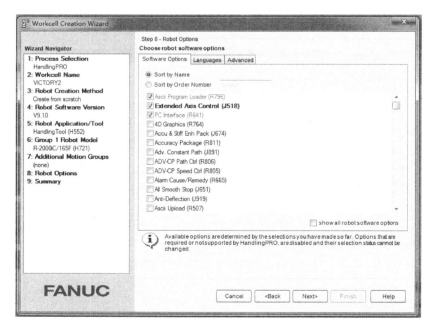

图 8-9

❿ 此时将弹出 Workcell Creation Wizard 对话框中的 Step 9-Summary，如图 8-10 所示。请查看之前的选择，如果确认无误，则单击 Finish，否则可继续进行修改。

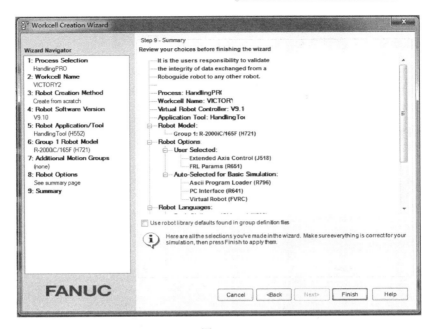

图 8-10

⑪ 到此，导轨系统创建完成。

8.2 初始化设置

初始化设置的操作步骤如下。

❶ 设置法兰类型：Standard Flange 表示标准法兰；Insulated Flange 表示绝缘法兰。在这里选择标准法兰，即输入 1，如图 8-11 所示。

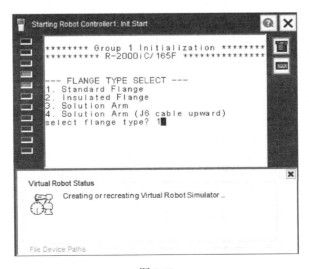

图 8-11

❷ 重新启动工业机器人，选择"Robot（工业机器人）→Restart Controller（启动控制器）→Controlled Start（控制启动）"，如图 8-12 所示。

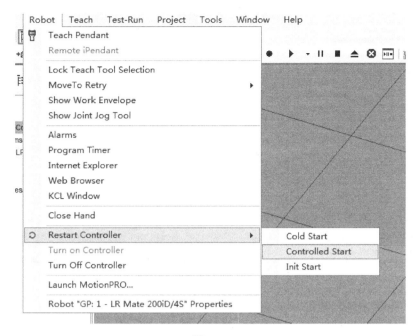

图 8-12

❸ 此时将进入维修界面，单击 MENU 按钮，在弹出的菜单中选择 MAINTENANCE 选项，如图 8-13 所示。

❹ 进入工业机器人的系统变量界面，选中 Extended Axis Control（扩展轴控制）选项，单击 F4 键，如图 8-14 所示。

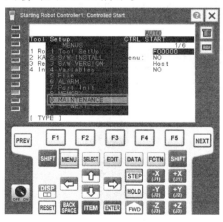

图 8-13

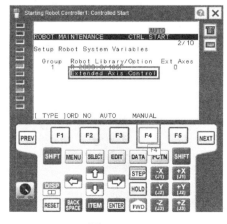

图 8-14

❺ 进入群组选择界面，在这里输入 1，即选择 Group 1，如图 8-15 所示。

❻ 进入硬件起始轴界面，在这里输入 7，如图 8-16 所示。

图 8-15

图 8-16

❼ 进入群组轴的添加界面，在这里输入 2，即添加 Ext 轴，如图 8-17 所示。继续输入要添加的轴，即输入 1，如图 8-18 所示。

图 8-17

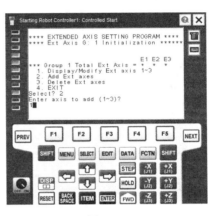

图 8-18

❽ 进入电机设置界面，在这里选择使用标准方法，即输入 1，如图 8-19 所示。

❾ 进入电机型号的设置界面，在此界面中没有所需的电机型号，可输入 0，进入下一个界面，如图 8-20 所示。在这里输入 103，即选择 aiF8 型号的电机，如图 8-21 所示。

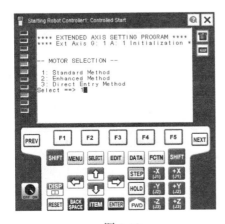

图 8-19

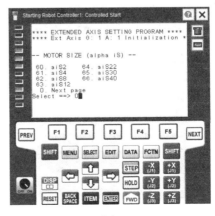

图 8-20

⑩ 进入电机转速比的设置界面，在这里输入 2，如图 8-22 所示。

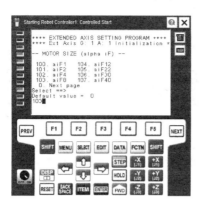
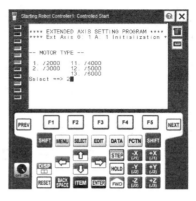

图 8-21   图 8-22

⑪ 进入电机电流的设置界面，在这里输入 5，即将电机电流设置为 40A，如图 8-23 所示。

⑫ 进入扩展轴类型的设置界面，在这里输入 1，即选择综合轨道（直线轴），如图 8-24 所示。

图 8-23   图 8-24

⑬ 进入方向设置界面，在这里输入 1，即选择 X 轴正方向，如图 8-25 所示。

⑭ 进入齿轮比的设置界面，由于直线轴的齿轮比是发动机一次转动时的毫米数，因此在这里输入 141，如图 8-26 所示。

图 8-25   图 8-26

⓯ 进入最大关节速度的设置界面，在这里输入 2，即不改变最大关节速度，使用默认速度，如图 8-27 所示。

⓰ 进入电机方向的设置界面，在这里输入 2，即使用默认设置，如图 8-28 所示。

图 8-27　　　　　　　　　　　图 8-28

⓱ 进入上限尺寸设置界面，在这里输入 4000（单位：mm），也可根据实际情况设置，如图 8-29 所示。

⓲ 进入下限尺寸设置界面，在这里输入 -4000（单位：mm），也可根据实际情况设置，如图 8-30 所示。

图 8-29　　　　　　　　　　　图 8-30

⓳ 进入原点位置设置界面，在这里输入 0，即 0 作为原点位置，如图 8-31 所示。

⓴ 进入加速度 1 的时间设置界面，在这里输入 2，即不进行修改，也可按照实际情况进行修改，如图 8-32 所示。

㉑ 进入加速度 2 的时间设置界面，在这里输入 2，即不进行修改，也可按照实际情况进行修改，如图 8-33 所示。

㉒ 进入默认时间设置界面，在这里输入 2，即不进行修改，如图 8-34 所示。

㉓ 进入装载率设置界面，在这里输入 5，如图 8-35 所示。

㉔ 进入放大器编号设置界面，在这里输入 2，如图 8-36 所示。

图 8-31

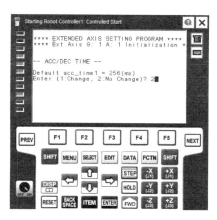

图 8-32

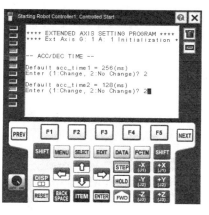

图 8-33

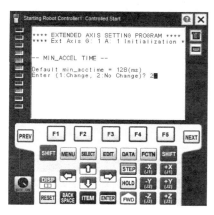

图 8-34

图 8-35

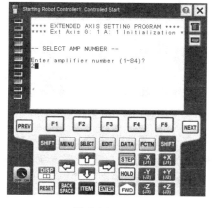

图 8-36

㉕ 进入放大器类型设置界面，在这里输入 1，如图 8-37 所示。

㉖ 进入刹车设置界面，在这里输入 1，如图 8-38 所示。

㉗ 进入伺服超时设置界面，在这里输入 2，即若伺服超时，则将其关闭，如图 8-39 所示。

㉘ 进入退出轴设置界面，在这里输入 4，如图 8-40 所示。

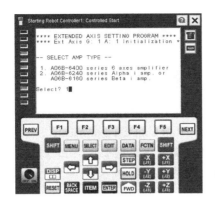

图 8-37

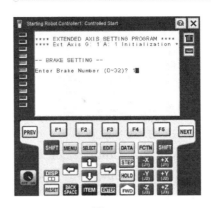

图 8-38

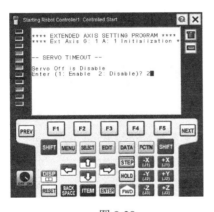

图 8-39

图 8-40

❷❾ 进入确认退出设置界面，在这里输入 0，如图 8-41 所示。

❸⓿ 单击 FCTN（辅助菜单）键，在弹出的菜单中选择 START（COLD）选项，即进行冷启动，如图 8-42 所示。

图 8-41

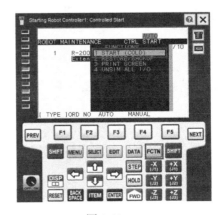

图 8-42

❸❶ 至此，初始化设置完成。

8.3 添加导轨

添加导轨的操作步骤如下。

❶ 打开 ROBOGUIDE 软件界面，选择 "Tools→Rail Unit Creator Menu"，如图 8-43 所示。

❷ 此时将弹出 Rail Unit Creator 对话框，用于修改导轨的长度。由于在初始化设置中设定的上限尺寸长度为 4000mm，所以在 Length 文本框中输入 4.0（单位：m），即选择 4m 的导轨，单击 Exec 按钮，如图 8-44 所示。

❸ 此时将弹出如图 8-45 所示的确认对话框（此对话框中的具体内容：工业机器人的 X 轴正方向必须与轨道单元的移动方向相同），单击"确定"按钮。

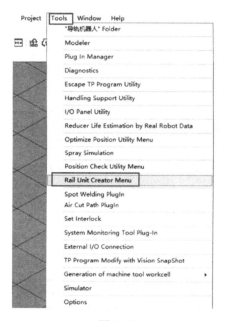

图 8-43

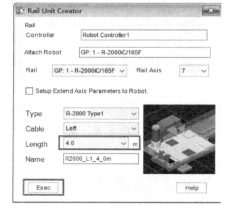

图 8-44

❹ 此时的导轨示意图如图 8-46 所示。

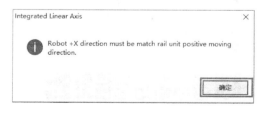

图 8-45

图 8-46

❺ 按住 SHIFT 键和 J7 键，以检验工业机器人是否沿着导轨运动，如图 8-47 所示。

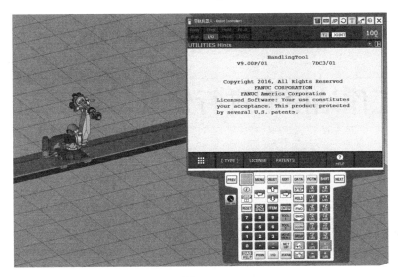

图 8-47

知识点练习

独立创建带导轨的工业机器人工作站。

第 9 章

通过工作站模型进行仿真

在 FANUC 工业机器人的学习过程中，特别需要一个模拟真实环境的实训设备进行仿真测试，但由于条件限制，并不是人人都能拥有这样的设备。考虑到读者对实训设备的需求，本书提供与实训设备同比例的工作站模型，助大家勇攀学习高峰。

9.1 解压工作站

解压工作站的操作步骤如下。

❶ 解压书中配套工作站的压缩文件 GKB_WORKSTATION_Packaged，并打开该文件夹。

❷ 双击文件夹中的 GKB_WORKSTATION.frw 文件，如图 9-1 所示。

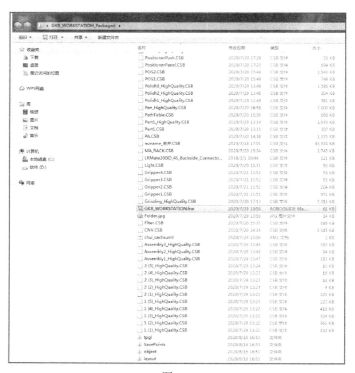

图 9-1

❸ 此时将打开 ROBOGUIDE-Missing 3D CAD 对话框，单击 OK to All 按钮，如图 9-2 所示。

图 9-2

❹ 至此，完成解压工作站的操作，效果如图 9-3 所示。

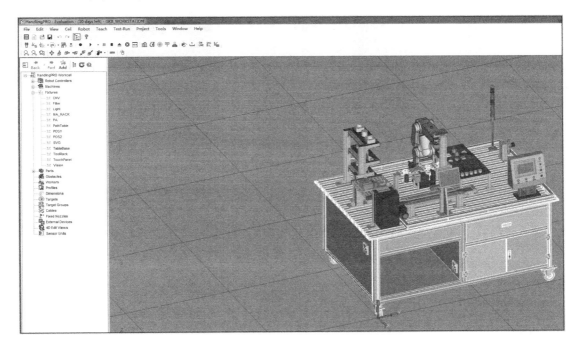

图 9-3

9.2 添加 CAD 模型文件

添加 CAD 模型文件的操作步骤如下。

❶ 右键单击"UT: 1（Eoat1）"，在弹出的快捷菜单中选择"Add Link→CAD File"，即添加 CAD 模型文件，如图 9-4 所示。

❷ 打开 GKB_WORKSTATION_Packaged 文件夹，选中 Sucker_HighQuality.CSB 选项，单击"打开"按钮将吸盘工具模型导入，如图 9-5 所示。

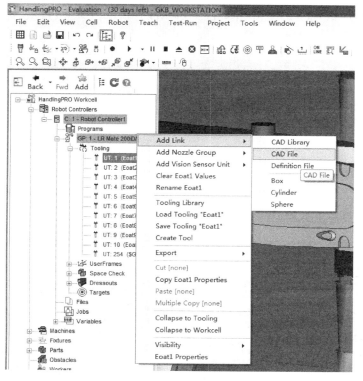

图 9-4

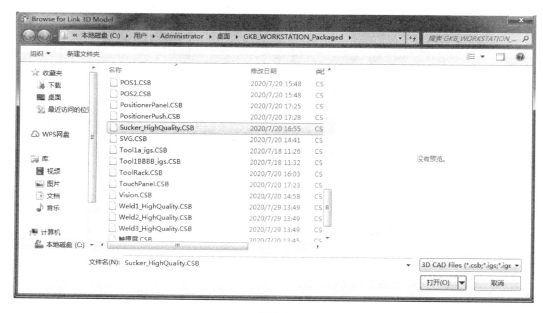

图 9-5

❸ 此时将弹出"Link2,UT:1（Eoat1）"对话框，单击 OK 按钮。如图 9-6 所示。导入效果如图 9-7 所示。

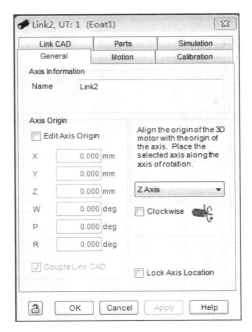

图 9-6

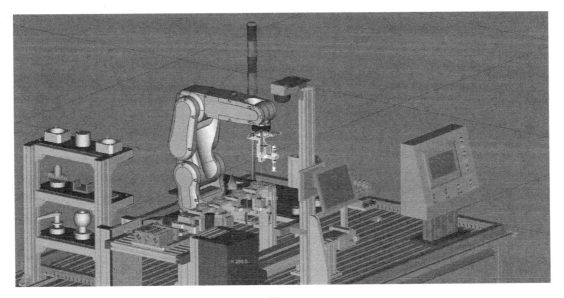

图 9-7

❹ 右键单击"UT: 2（Eoat2）"，在弹出的快捷菜单中选择"Add Link→CAD File"，继续添加 CAD 模型文件，如图 9-8 所示。

❺ 打开 GKB_WORKSTATION_Packaged 文件夹，选中 Pen_HighQuality.CSB 选项，单击"打开"按钮将画笔工具模型导入，如图 9-9 所示。

❻ 此时将弹出"Link1,UT:2（Eoat2）"对话框，单击 OK 按钮。如图 9-10 所示。导入效果如图 9-11 所示。

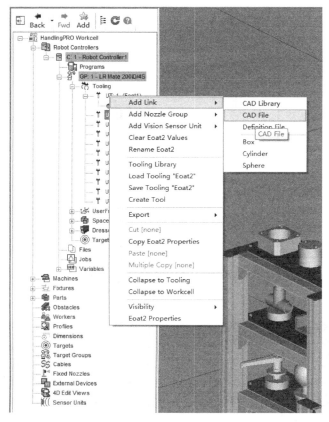

图 9-8

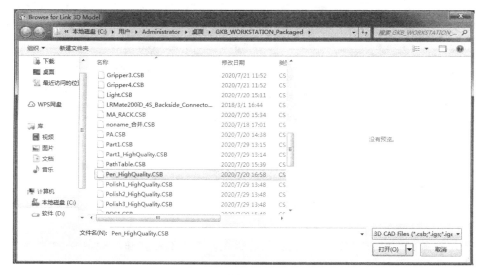

图 9-9

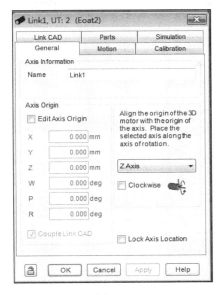

图 9-10

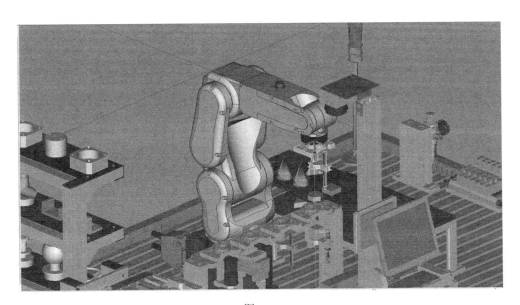

图 9-11

❼ 右键单击 "UT: 3（Eoat3）"，在弹出的快捷菜单中选择 "Add Link→CAD File"，继续添加 CAD 模型文件，如图 9-12 所示。

❽ 打开 GKB_WORKSTATION_Packaged 文件夹，选中 Grinding_HighQuality.CSB 选项，单击 "打开" 按钮将打磨电机工具模型导入，如图 9-13 所示。

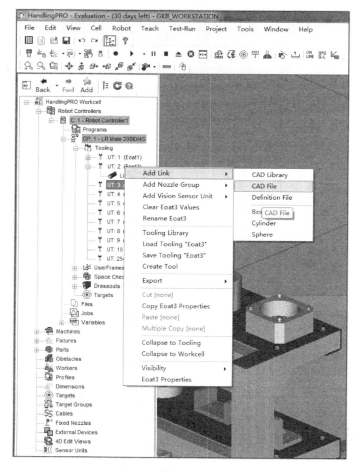

图 9-12

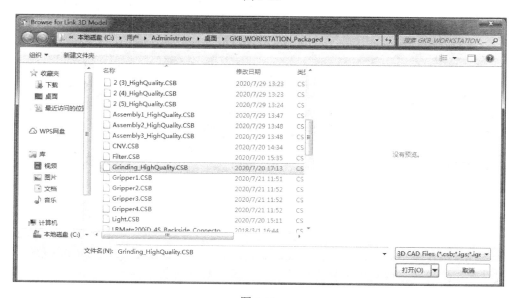

图 9-13

❾ 此时将弹出"Link1,UT:3（Eoat3）"对话框，单击 OK 按钮。如图 9-14 所示。导入效果如图 9-15 所示。

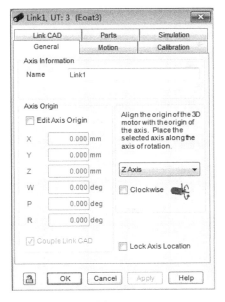

图 9-14

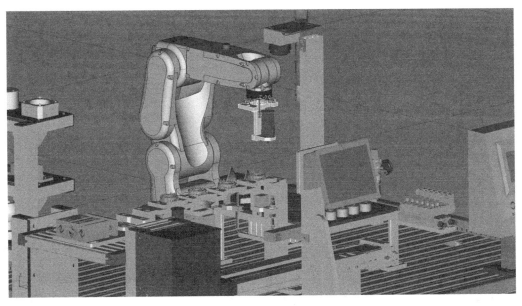

图 9-15

9.3　切换工具

随着工具模型的使用频率越来越大，工具切换的实现效果变得越来越重要。在 FANUC

示教器中，可通过编辑指令达到切换工具的效果，操作步骤如下。

❶ 选择"Robot→Teach Pendant"，如图 9-16 所示，打开 FANUC 示教器。

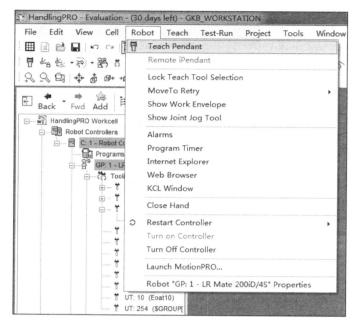

图 9-16

❷ 单击 MENU 按钮，在弹出的菜单中选择"下页"选项，如图 9-17 所示，以便选择一个负载，用于消除报警。

❸ 选择"系统→动作"，如图 9-18 所示。

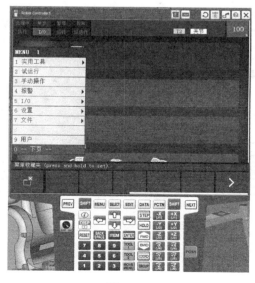

图 9-17

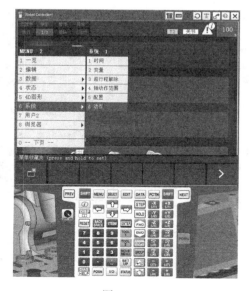

图 9-18

❹ 打开动作性能界面，如图 9-19 所示。单击"选负载"按钮（快捷键为 F5 键），在"输

入负载编号"中输入 1，单击 Enter 键进行确认。

❺ 单击 SELECT 键，打开选择界面，单击"创建"按钮准备创建程序，如图 9-20 所示。

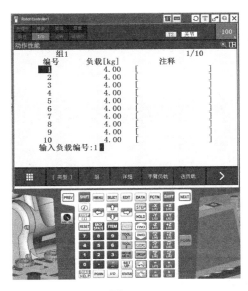
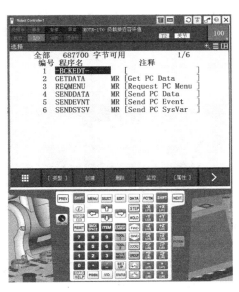

图 9-19　　　　　　　　　　　　　　　　图 9-20

❻ 输入程序名称：RSR1，输入完成后单击 Enter 键进行确认，如图 9-21 所示。

❼ 此时将进入 RSR1 的程序界面，如图 9-22 所示，单击 > 按钮，进入下一个指令界面。

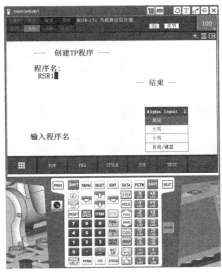

图 9-21　　　　　　　　　　　　　　　　图 9-22

❽ 单击"指令"按钮，如图 9-23 所示，进入指令选择菜单，如图 9-24 所示。

❾ 单击 ➡ 按钮，进入下一页指令菜单，如图 9-25 所示。

❿ 单击"偏移/坐标系"选项，在"UTOOL_NUM="指令后单击 Enter 键进行确认，并在其右侧输入 1（当前指令表示切换工具坐标系到工具 1），如图 9-26 所示。

图 9-23

图 9-24

图 9-25

图 9-26

⓫ 运行程序，可以看到打磨电机工具已被切换到吸盘工具。其他工具的切换方法与此相同，这里不再赘述。

9.4 安装夹爪工具和实现夹取动作动态效果

在工作站模型中，除了上述三种工具（吸盘工具、画笔工具、打磨电机工具），还有一种特殊的工具：夹爪，用于实现夹取动作。安装夹爪工具和实现夹取动作动态效果的操作步骤如下。

❶ 右键单击"UT:4（Eoat4）"，在弹出的快捷菜单中选择"Add Link→CAD File"，准备添加夹爪工具的 CAD 模型文件，如图 9-27 所示。

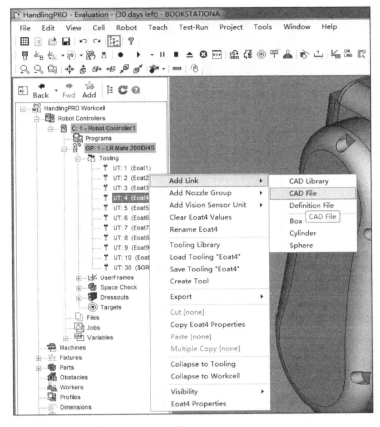

图 9-27

❷ 打开 GKB_WORKSTATION_Packaged 文件夹，选中 Gripper1.CSB 选项，单击"打开"按钮，添加夹爪工具的 CAD 模型文件，如图 9-28 所示。

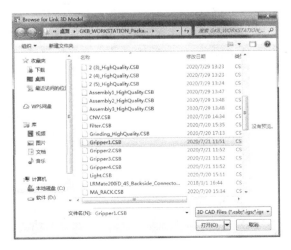

图 9-28

❸ 此时将弹出"Link1,UT:4（Eoat4）"对话框，单击 OK 按钮，如图 9-29 所示。

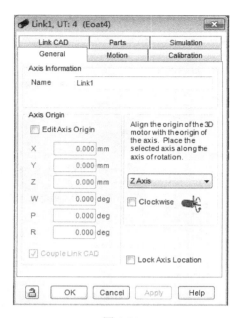

图 9-29

❹ 右键单击 Link1，在弹出的快捷菜单中选择"Add Link→CAD File"，继续添加内部关联模型的 CAD 模型文件，如图 9-30 所示。

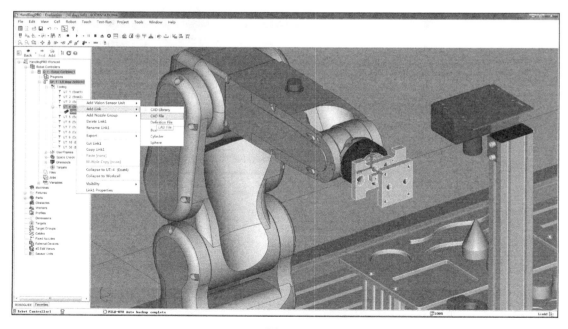

图 9-30

❺ 打开 GKB_WORKSTATION_Packaged 文件夹，选中 Gripper2.CSB 选项，单击"打开"按钮，如图 9-31 所示。

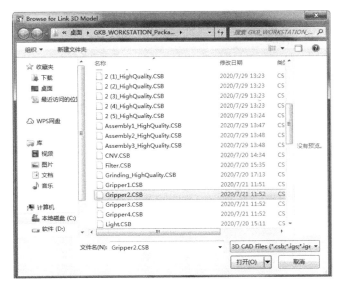

图 9-31

❻ 此时将弹出 "Link1, Link1,UT:4（Eoat4）" 对话框，切换到 Link CAD 选项卡，准备设置该夹爪的位置及角度：在 Location 选项组中的 Z 文本框中输入 83.5（单位：mm），在 P 文本框中输入 180（单位：deg），在 R 文本框中输入 90（单位：deg）；在 Scale 选项组中的 Scale X 文本框、Scale Y 文本框、Scale Z 文本框中输入 1。数值输入完毕后单击 Apply 按钮，如图 9-32 所示。

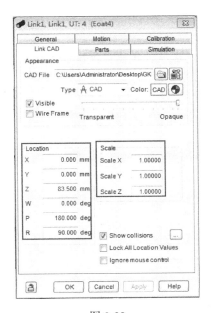

图 9-32

❼ 右键单击 Link1，在弹出的快捷菜单中选择 "Add Link→CAD File"，继续添加内部关联模型的 CAD 模型文件。

❽ 打开 GKB_WORKSTATION_Packaged 文件夹，选中 Gripper3.CSB 选项，单击 "打

开"按钮，如图 9-33 所示。

图 9-33

❾ 此时将弹出"Link2, Link1,UT:4（Eoat4）"对话框，切换到 Link CAD 选项卡，准备设置该夹爪的位置及角度：在 Location 选项组中的 Y 文本框中输入-43.057（单位：mm），在 Z 文本框中输入 82.736（单位：mm），在 W 文本框中输入 180（单位：deg），在 R 文本框中输入 90（单位：deg）；在 Scale 选项组中的 Scale X 文本框、Scale Y 文本框、Scale Z 文本框中输入 1。数值输入完毕后单击 Apply 按钮，如图 9-34 所示。

❿ 切换到 General 选项卡，准备选择运动轴。由于本实例的默认轴方向与默认工具坐标系重合，因此在这里选择 Y Axis 选项，单击 Apply 按钮进行确认，如图 9-35 所示。

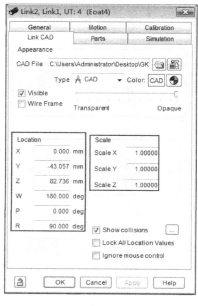

图 9-34

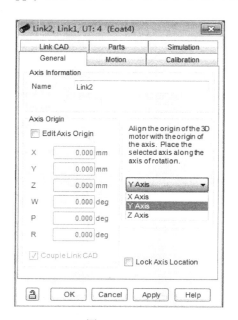

图 9-35

⓫ 切换到 Motion 选项卡，准备选择运动控制类型，并关联控制信号：在 Motion Control Type 选项组中选择 Device I/O Controlled（设备 I/O 控制）选项，如图 9-36 所示；在 Axis Type 选项组中选中 Linear（线性运动）单选按钮；在 Inputs 选项组中，将 DO[101]设置为 ON 时，该模型沿着 Y 轴正方向移动 9mm，将 DO[101]设置为 OFF 时，该模型返回 0mm 处。单击 Apply 按钮，如图 9-37 所示。

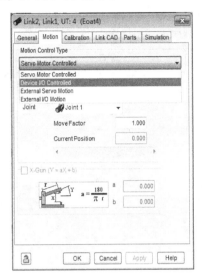

图 9-36

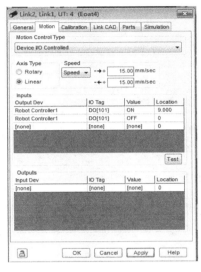

图 9-37

⓬ 单击 Test 按钮，测试模型是否可按照预想的方式移动。通过观察图 9-38 可以发现，模型向 Y 轴正方向移动了 9mm。

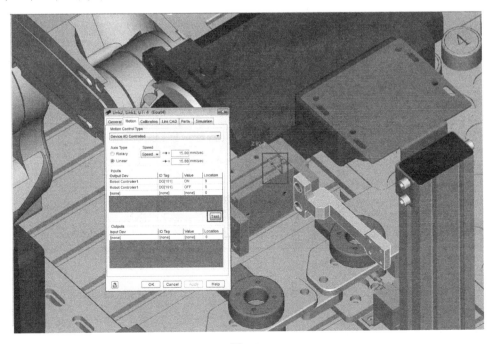

图 9-38

❸ 继续单击 Test 按钮，模型返回 0mm 处，如图 9-39 所示。

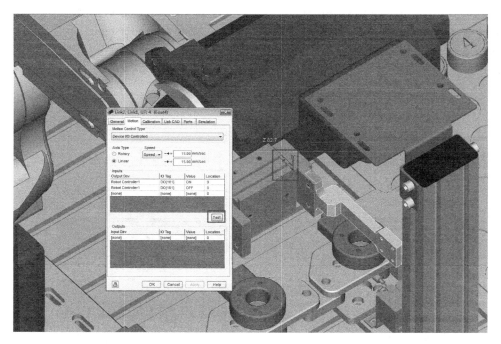

图 9-39

❹ 若在测试过程中显示电机，则可将电机隐藏：切换到 General 选项卡，选择 Y Axis 选项，取消勾选 Motor Visible 复选框，单击 Apply 按钮进行确认，如图 9-40 所示。

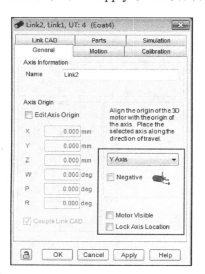

图 9-40

❺ 右键单击 Link1，在弹出的快捷菜单中选择 "Add Link→CAD File"，继续为另一侧添加 CAD 模型文件。

❻ 打开 GKB_WORKSTATION_Packaged 文件夹，选中 Gripper4.CSB 选项，单击 "打开"

按钮。

⓱ 此时将弹出"Link3, Link1,UT:4（Eoat4）"对话框，切换到 Link CAD 选项卡，准备设置该夹爪的位置及角度：在 Location 选项组中的 Y 文本框中输入 42.869（单位：mm），在 Z 文本框中输入 83.692（单位：mm），在 W 文本框中输入 180（单位：deg），在 R 文本框中输入 90（单位：deg）；在 Scale 选项组中的 Scale X 文本框、Scale Y 文本框、Scale Z 文本框中输入 1。数值输入完毕后单击 Apply 按钮，如图 9-41 所示。

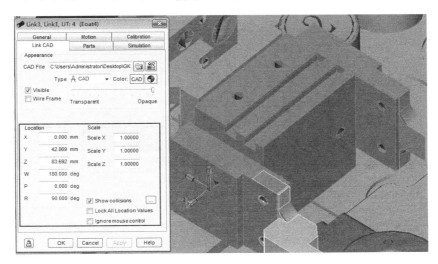

图 9-41

⓲ 切换到 General 选项卡，准备选择运动轴。由于本实例的默认轴方向与默认工具坐标系重合，因此在这里选择 Y Axis 选项，单击 Apply 按钮进行确认，如图 9-42 所示。

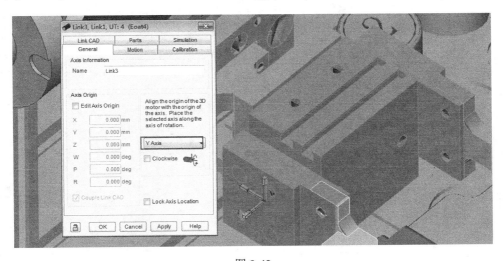

图 9-42

⓳ 切换到 Motion 选项卡，准备选择运动控制类型，并关联控制信号：在 Motion Control Type 选项组中选择 Device I/O Controlled（设备 I/O 控制）选项，如图 9-43 所示；在 Axis Type 选项组中选中 Linear（线性运动）单选按钮；在 Inputs 选项组中，将 DO[101]设置为 ON 时，

该模型沿着 Y 轴负方向移动 9mm，将 DO[101]设置为 OFF 时，该模型返回 0mm 处。单击 Apply 按钮，如图 9-44 所示。

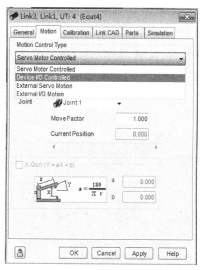 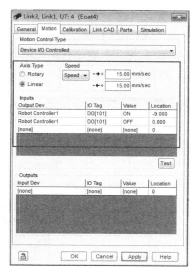

图 9-43   图 9-44

❷ 单击 Test 按钮，测试模型是否可按照预想的方式移动。通过观察图 9-45 可以发现，模型向 Y 轴负方向移动了 9mm。

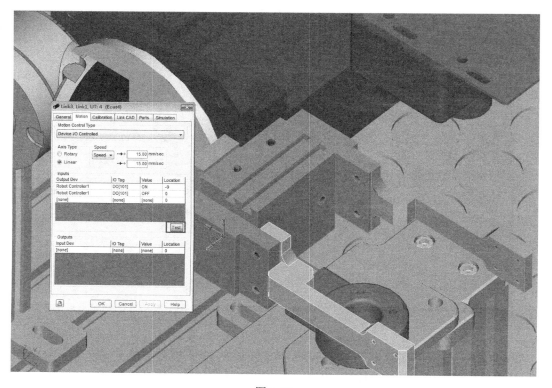

图 9-45

㉑ 继续单击 Test 按钮，模型返回 0mm 处。

㉒ 若在测试过程中显示电机，则可将电机隐藏：切换到 General 选项卡，选择 Y Axis 选项，取消勾选 Motor Visible 复选框，单击 Apply 按钮进行确认，效果如图 9-46 所示。双击 Link1 选项，进入 Link1 的属性界面。

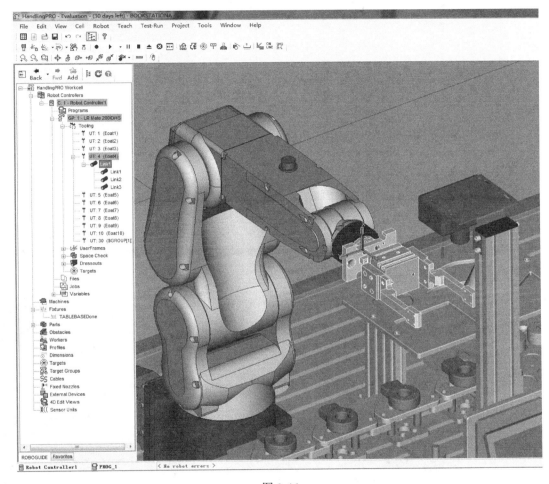

图 9-46

㉓ 切换到 Parts 选项卡，勾选 Assembly1 复选框，单击 Apply 按钮将其安装到工业机器人的夹爪上（注意：选择夹爪要抓住的物体，以便做出仿真抓取的效果）。勾选 Edit Part Offset 复选框，可输入数值（在 X 文本框中输入 1033，在 Y 文本框中输入−200，在 Z 文本框中输入−1192），或者改变坐标系的位置到工业机器人的夹爪内部，单击 Apply 按钮，如图 9-47 所示。

㉔ 取消勾选 Visible at Teach Time（在示教时可见）与 Visible at Run Time（在运行时可见）复选框，单击 Apply 按钮和 OK 按钮，如图 9-48 所示。

㉕ 添加仿真程序，进行模拟夹取操作，即右键单击 Programs，在弹出的快捷菜单中选择 Add Simulation Program（添加仿真程序），如图 9-49 所示。

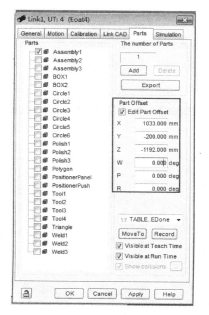 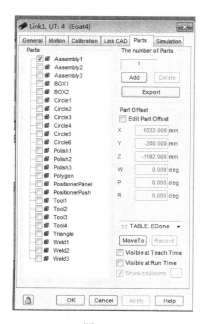

图 9-47   图 9-48

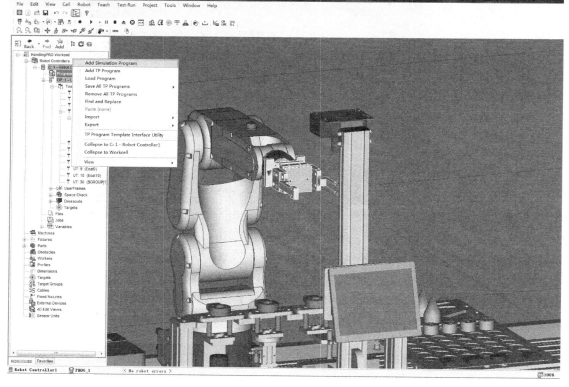

图 9-49

❷ 此时将弹出 Add Program 对话框，使用默认的 PROG_1 作为程序名称，单击 OK 按钮，如图 9-50 所示。

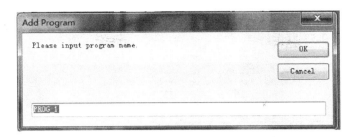

图 9-50

㉗ 此时将弹出 Simulation Program Editor 对话框，单击 Inst 下拉按钮，选择"DO[1]=ON"指令，如图 9-51 所示。

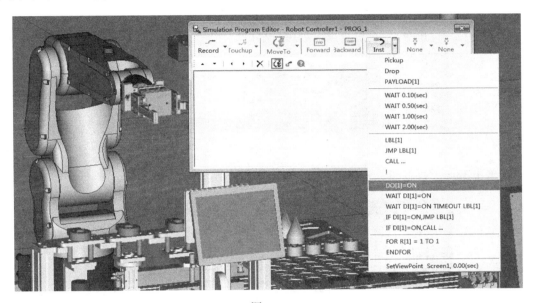

图 9-51

㉘ 将"DO[1]=ON"指令参数改为"1:DO 101=OFF"，其含义是运行到该条指令时，将 DO[101]信号置为 OFF 状态，如图 9-52 所示。

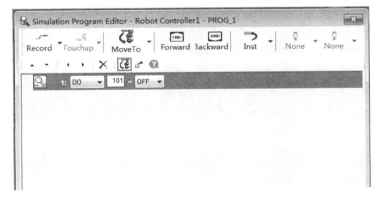

图 9-52

❷ 单击 Inst 下拉按钮，选择"WAIT 0.5(sec)"指令，即继续添加"WAIT 0.5(sec)"指令，用于等待 0.5s，如图 9-53 所示。

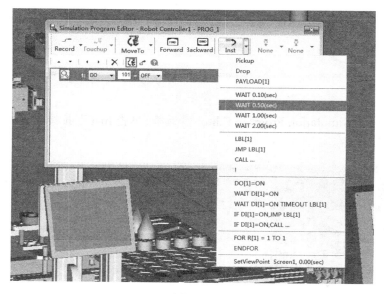

图 9-53

❸ 单击 Inst 下拉按钮，选择"DO[1]=ON"指令，如图 9-54 所示。

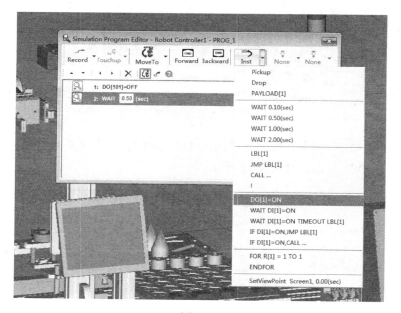

图 9-54

❸ 将"DO[1]=ON"指令参数改为"3:DO 101=ON"，其含义是运行到该条指令时，将 DO[101]信号置为 ON 状态，如图 9-55 所示。

❸ 单击 Inst 下拉按钮，选择"WAIT 0.5(sec)"指令，即继续添加"WAIT 0.5(sec)"指令，用于等待 0.5s。

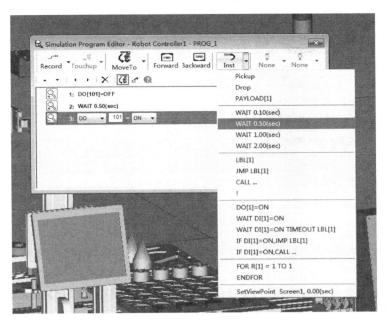

图 9-55

❸ 单击 Inst 下拉按钮，选择 Pickup 指令，用于配合夹取动作，如图 9-56 所示。

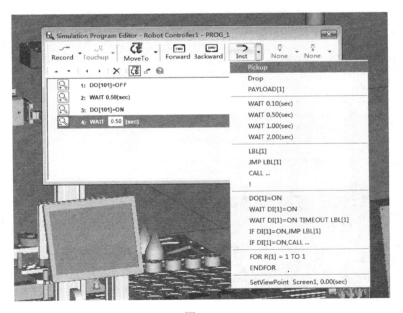

图 9-56

❸ 修改 Pickup 指令参数：在 Pickup 下拉列表中选择 Assembly1，在 From 下拉列表中选择 TABLEBASEDone，在 With 下拉列表中选择 "UT:4（Eoat4）:Link1"，其含义是在执行 Pickup 指令时，"UT:4（Eoat4）:Link1" 将从 TABLEBASEDone 上夹取 Assembly1 模型，如图 9-57 所示。

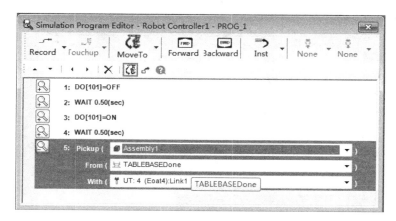

图 9-57

❸❺ 单击 Inst 下拉按钮，选择"WAIT 0.5(sec)"指令，即继续添加"WAIT 0.5(sec)"指令，用于等待 0.5s。

❸❻ 单击 Inst 下拉按钮，选择"DO[1]=ON"指令，继续添加"DO[1] = ON"指令。

❸❼ 将"DO[1]=ON"指令参数改为"7:DO 101=OFF"，其含义是运行到该条指令时，将 DO[101]信号置为 OFF 状态。

❸❽ 单击 Inst 下拉按钮，选择 Drop 指令，如图 9-58 所示。

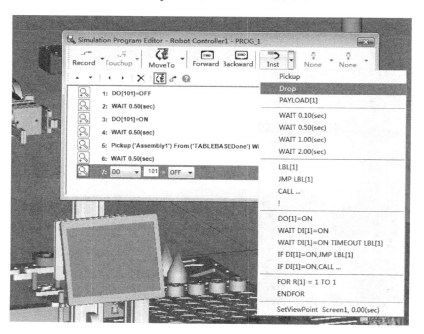

图 9-58

❸❾ 修改 Drop 指令参数：在 Drop 下拉列表中选择 Assembly1，在 From 下拉列表中选择"UT:4（Eoat4）:Link1"，在 On 下拉列表中选择 TABLEBASEDone，其含义是在执行 Drop 指令时，"UT:4（Eoat4）:Link1"将 Assembly1 模型放置在 TABLEBASEDone 上，如图 9-59 所示。

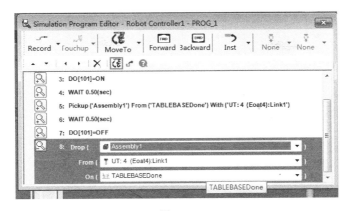

图 9-59

❹ 单击 Inst 下拉按钮，选择 "WAIT 0.5(sec)" 指令，即继续添加 "WAIT 0.5(sec)" 指令，用于等待 0.5s。

❹ 指令添加完毕后，单击工具栏中的 ▶ (Cycle Start) 按钮进行测试，如图 9-60 所示：若夹爪合上，则模型出现在夹爪上；若夹爪打开，则模型消失。

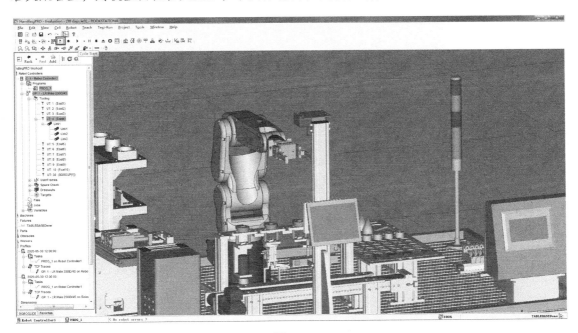

图 9-60

知识点练习

独立安装夹爪工具和实现夹取动作动态效果。